십대에게
들려주고 싶은
우리 땅 이야기

KB192184

지리 선생님과
함께 떠나는
통합교과적 국토 여행

십대에게
들려주고 싶은
우리 땅 이야기

마경묵·박선희·이강준
이진웅·조성호 지음

갈매나무

Contents

3부　우리 땅과 환경

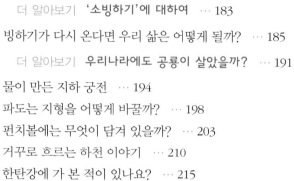
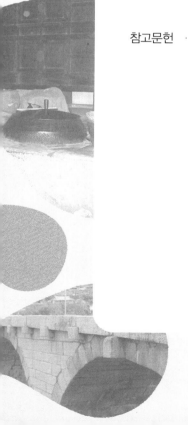

우리 땅에 숨어 있는 놀라운 이야기들

우리나라에는 오래된 탑이나 건축물들이 참 많습니다. 그중에는 천년의 시간 동안 한자리를 지키고 있는 것들도 있습니다. 그런 오래된 탑 앞에 서 있으면 이런 생각을 하게 됩니다. 이 탑이 처음 만들어진 이후 각기 다른 시대에 산 수많은 사람들이 이 탑을 보았을 것이고, 지금은 내가 보고 있지만 또 세월이 한참 지나서 그 탑이 영원히 사라질 때까지 미래를 살아가는 누군가가 이 탑을 이곳에 서서 구경하겠구나 하는 생각 말입니다. 그러니까 탑은 그대로인데 탑을 구경하는 사람이 바뀌는 것이지요. 그런데 바뀌는 것은 사람만이 아닙니다. 탑의 용도도 처음과 지금이 다를 것이며, 탑을 둘러싼 주변도 탑을 만든 이후 계속 달라져 결국 지금의 모습이 되었을 테니까요.

영화를 되돌려 보듯이 시간을 되돌려서 내가 지금 서 있는 곳을 보면 이곳의 모습이 계속적으로 변화하고 있다는 것을 알 수 있습니다. 지금 우리가 살고 있는 이 땅의 모습은 과거 이 땅에서 살아간 우리 조상들의 삶들이 쌓이고 쌓여서 이루어진 것입니다. 또 사람은 공간 속에서 살지만 그저 그곳에 머물러 있는 것이 아니라, 공간과 상호작용을 하면서 계속적으로 자신의 터전을 만들어 나갑니다. 그래서 우리 땅의 모습을 들여다보면 조상들의 삶과 문화가 보이고 또 현재를 살아가는 우리의 모습이 보입니다. 말하자면 땅은 우리를 비춰 주는 거울과 같은 존재입니다. 그러므로 우리가 살아가는 이 땅을 더 잘 안다는 것은 결국 우리 자신을 더 잘 이해하는 것이라 할 수 있습니다.

지리학은 땅에 대한 이해를 높이는 학문이라고 할 수 있습니다. 지리를 이해한다는 것은 우리가 평소 아무런 생각이나 느낌 없이 지나치던 산과 들, 건물과 도로, 논과 밭 등 우리를 둘러싸고 있는 모든 것에 관심을 갖고 그 의미를 내 삶 안으로 들어오게 하는 것입니다. 흔히 지리를 암기 과목으로 알고 있지만 단순한 암기만으로는 절대 지리학을 이해할 수 없습니다. 우리 주변의 공간을 이해하고 설명하며 그것들과 교감할 수 있게 하는 학문이 바로 지리학이기 때문입니다.

교통과 통신이 발달하면서 지구는 하나의 생활공동체가 되어 가고 있으므로 세계 전체에 대한 이해도 분명 필요할 것입니다. 그러나 그보다 우리가 살고 있는 이 땅에 대한 이해가 선행되어야 하지 않을까요? 우리나라는 국토 면적이 그리 넓지 않지만 남북으로 길어서 다양한 기후가 나타나며, 산지에서 평야에 이르는 다양하고 독특한 지형들을 보유하고 있습니다. 이러한 자연환경은 지역별로 다양한 문화와 경관을 낳았습니다.

붉은 토양과 석양빛이 어우러진 남도 들녘, 푸른 산들이 파도치는 한반도의 등줄기 백두대간, 조류가 만들어 낸 드넓은 갯벌과 갈대밭, 지하의 마그마가 분출하면서 생긴 거대한 분지, 세월과 빗물이 빚어낸 거대한 지하 궁전……. 이들이 우리들의 삶과 어우러지면서 우리가 사는 이 땅에는 우리만의 독특한 공간이 만들어졌습니다.

  우리 땅에는 놀라운 많은 이야기들이 숨어 있습니다. 이 이야기들을 장차 이 땅의 주인이 될 십대들에게 꼭 전하고 싶은 마음에 학교에서 지리를 가르치는 다섯 명의 선생님들이 머리를 맞대고 이 책을 만들게 되었습니다. 우리의 삶을 담고 있는 이 땅을 아끼고 또 이 땅을 알고자 노력하는 사람은 누구나 국토 지리학자라고 해도 과언이 아닙니다. 그러니까 이 책을 읽는 순간 여러분은 이미 지리학자가 되는 것입니다. 지리학자들은 땅의 특징을 알아 가는 것뿐만 아니라 그 땅을 아름답고 살기 좋게 가꾸는 것에도 관심이 많습니다. 지금 이 책을 읽는 여러분들이 그렇듯이 말입니다.
  이 책을 읽는 분들이 부디 우리 땅에 대한 이해의 폭을 넓히길 소망합니다. 나아가 이 책을 통해 우리가 꼭 지켜 내야 할 것이 무엇이고 또 다시 찾아내야 할 것이 무엇인지, 그리고 세계 속에서 우리는 누구이고 나는 누구인지를 발견할 수 있으면 좋겠습니다. 여러분 모두 이 땅의 책임 있는 주인들로 성장하기를 진정으로 바랍니다.

1부

우리 땅과
역사

이어도는 섬일까, 암초일까? 독도 영유권에 대한 분쟁은 왜 끊이지 않을까? 인

왕산은 풍수지리적으로 어떤 의미를 지닐까? 한 번쯤 가져봤을 만한 질문에 대

해 선생님들은 흥미롭고 명쾌한 이야기로써 해답을 들려준다. 그리고 이 이야기

들을 통해 역사와 지리가 긴밀하게 상호작용하는 것을 확인할 수 있다. 즉 역사

는 지리적 상식을 통해, 지리는 역사 지식을 바탕으로 하여 더 깊이 이해할 수

있는 것이다. 지금까지 이 둘을 분리하여 이해하려 했던 십대들에게 1부 '우리

땅과 역사'는 알차고 새로운 이해의 틀을 제시할 것이다.

이어도는 '어디에' 있는 섬일까?

"긴긴 세월 동안 섬은 늘 거기 있어 왔다. 그러나 섬을 본 사람은 아무도 없었다. 섬을 본 사람은 모두가 섬으로 가 버렸기 때문이었다. 아무도 다시 섬을 떠나 돌아온 사람은 없었기 때문이다."

혹시 이런 글을 읽은 적이 있나요? 미스터리 스릴러 영화 예고편의 배경으로도 어울릴 것 같은 이 섬은 어디일까요? 이 섬의 이름은 바로 이어도! 앞에서 인용한 글은 소설가 이청준의 작품 《이어도》의 일부입니다. 이어도는 제주도에서 오래전부터 전해 내려오는 전설에 나옵니다. 전설 속에 등장하는 환상의 섬, 실제로는 존재하지 않는 섬이지요. 아니, '존재하지 않는 섬이었습니다'라고 해야 맞겠군요. 몇 년 전부터 이어도는 더 이상 전설 속의 섬이 아닌 실제 섬으로 인정받고 있으니까요. 우리나라 사회 교과서에 이어도에 대한 자료가 실렸을 뿐 아니라 2011년 11월부터는 이어도 해양과학기지 관리 전용선인 '해양누리'도 취항을 시작했습니다.

그런데 이어도가 자국의 영토라는 주장을 공식화하고 있는 나라가 있습니다. 바로 중국이지요. 도대체 이어도를 둘러싸고 무슨 일이 벌어지고 있는 것일까요?

섬인가 암초인가

이어도는 이름에 '섬 도島' 자를 쓰고 있지만, 사실 섬이 아닙니다. 바다 밑에 존재하는 수중 암초暗礁, 즉 물에 잠긴 바위지요. 이어도에

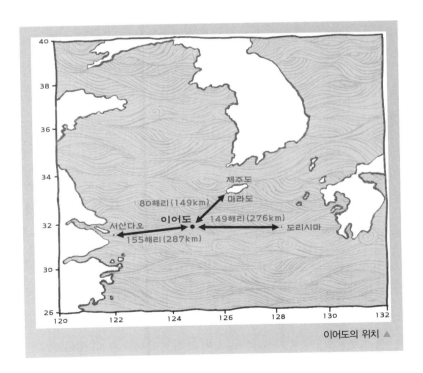

이어도의 위치 ▲

는 네 개의 봉우리가 있습니다. 그중 가장 높은 봉우리는 해수면 아래로 겨우 4.6미터(m) 내려간 지점에 위치하고 있습니다. 우리나라 마라도에서 남서쪽으로 149킬로미터(km), 중국의 서산다오余山島로부터 동쪽으로 287킬로미터, 일본의 도리시마鳥島에서 서쪽으로 276킬로미터 떨어져 있는 바다 밑에 바로 이어도가 자리 잡고 있습니다.

이 위치의 바다 밑에 무언가가 있다는 것은 1900년 영국 상선 소코트라호가 처음 발견했습니다. 그 선박의 이름을 따서 당시 이어도는 '소코트라 암초Socotra Rock'라고도 불렸습니다. 또 일본인들은 이어도를 '하로우수'라는 이름으로 부르기도 했습니다. '파도를 일으키는 곳'이라는 뜻이지요. 우리나라는 이어도의 이름을 해방 이후 '파랑도波浪島'로 바꿔 부르며 1951년에 처음으로 이어도에 대한 탐사를 시작했습니다. 1951년, 탐사 팀은 바위의 존재를 확인하고 바다 밑에 '대한민국 영토 파랑도(이어도)'라고 새긴 동판을 가라앉히고 오기도 했습니다.

이후 이어진 탐사를 통해 이 암초가 전설 속의 이어도일 가능성이 강력하게 대두되었고, 1987년 우리나라는 파랑도의 명칭을 이어도로 변경하여 이 사실을 국제적으로 공표하게 됩니다. 자, 우리나라는 왜 그 암초를 이어도라고 생각하게 된 것일까요?

앞서 말씀드렸다시피 이어도는 제주도의 전설 속에 등장합니다. 제주도 사람들은 오래전부터 바다에 나가 물고기를 잡으며 생계를 유지했습니다. 예로부터 제주도는 돌, 바람, 여자가 많다 하여 '삼다도三多島'라 불렸지요. 제주도에서는 물고기를 잡으러 바다로 나간 남자들이 집으로 돌아오지 않는 일이 자주 일어나면서 상대적으로 여자가 많아 보였던 것이라고 합니다. 고기를 잡으러 간 남자들은 왜 돌아오지 않았을까요? 과거 어선의 모습을 생각하면 거친 풍랑, 변덕스런 날씨 때문에 배가 뒤집히거나 좌초되었기 때문이라 생각할 수 있겠지요.

하지만 제주도 여인들은 자기 가족이 거친 파도에 휩쓸려 죽어 버렸다는 것을 인정하고 싶지 않았습니다. 남편이 죽은 것이 아니라 살기 좋고 고통 없는 이어도라는 섬에 가서 살고 있기 때문에 돌아오지 않는다고 믿고 싶어 했지요. 그러니까 제주도 사람들에게 이어도는 숨겨진 이상향, 환상의 섬일 뿐만 아니라 결국 자신들도 따라가게 될 '구원의 섬'이었는지도 모릅니다. 이어도를 향한 이러한 감정은 몇 가지 갈래의 전설로 전해졌습니다. 가령 '이엇사나 이어도 사나'로 시작하는 민요인 〈이어도 타령〉에는 그러한 정서가 내재되어 있다고 할 수 있겠지요.

사실 이어도라는 이름에는 이어도의 지형에 대한 정보가 숨어 있습니다. 이어도의 옛 이름은 순우리말인 '여섬'이라고 하는데요. '여'는 '이어'가 되고 '섬'은 '도島'로 바뀌어 지금의 이름이 되었지요. 여섬의 '여'는 '물속에 숨어 있는 바위'라는 뜻의 순우리말입니다. 수중 암초라 할 수 있는 이어도를 정확하게 표현하고 있는 말이지요.

바다에 나가 돌아오지 않는 남자들이 가는 섬이라고 하는 전설도 이어도의 실제 특징과 관련이 있습니다. 이어도는 수중 암초로서 파도가 아주 높게 칠 때만 그 모습을 바다 위에 드러냈을 테니, 그 옛날

누군가가 이어도의 모습을 봤다면 안타깝게도 풍랑 속에 갇혀 목숨을 잃을 가능성이 높았겠지요. 이어도가 물속의 암초였음을 우리 선조들은 이미 알고 있었던 것입니다.

이어도 전설에는 이런 이야기도 나옵니다. 과거 탐라국[1]에서 '고동지'라는 남자가 중국으로 가던 중 폭풍을 만나 며칠을 표류하다 한 섬에 이르게 되었답니다. 고동지는 그 섬이 이어도인 것을 알고 고향에 가고픈 마음을 담아 노래를 불렀는데요. 그 노래는 '강남으로 가는 길에 이어도가 있으니 나를 불러달라' 라는 내용이었습니다. 과거 강남은 중국의 양쯔강 이남 지역을 일컫는 말이었으므로, 이어도 부근 해역은 탐라국과 중국 간의 해상 교역로에 해당됩니다. 이렇게 고동지의 이야기 속에서도 이어도가 상상 속의 섬을 넘어 고대 우리 조상들의 생활 터전 안에 있던 실체였다는 사실이 잘 드러나 있습니다.

1 제주도에 있었던 고대 국가. 삼국시대부터 조선 초까지 제주도는 탐라국으로 불렸다. 배를 타고 중국과 내왕하며 사신을 보내거나 교역을 하였다.

분쟁지역이 된 이어도

우리나라는 1995년 이어도에 '이어도 해양과학기지' 건설을 시작하여 2003년 6월에 완공했습니다. 지금도 이곳에서 관측된 각종 기상정보와 해양 자원 자료는 무궁화 위성을 통해 한국해양연구원과 기상청에 실시간으로 제공되고 있지요. 그런데 이러한 우리나라의 활동에 딴지를 걸고 나온 나라가 있는데요. 그 나라는 바로 중국입니다. 중국은 이어도를 '쑤옌자오蘇岩礁'라는 중국 이름으로 부르며 중국의 고대 역사서에 이어도가 중국 땅인 것으로 기록되어 있다는 억지 주장을 펴고 있습니다. 하지만 학계의 분석에 의하면 중국 역사서에는 이어도에 대한 언급이 확실하게 나와 있지 않습니다. 그러니까 중국이 이어도를 자기 영토로 편입하기 위해 무리한 해석을 하는 것이라고 할 수 있지요.

앞에서 언급했듯이 이어도는 사실 섬이 아니라 수중 암초입니다. 즉 '영토'라고 할 수는 없는 것이지요. 한·중 양국은 지난 2006년 이어도를 두고 영토 분쟁화하지 않는다는 것에 이미 합의했기 때문에 중국의 이런 태도는 한·중 바다의 경계를 결정하는 문제와 깊은 관련이 있습니다. 최근에 중국은 이어도가 중국의 배타적 경제 수역EEZ[2] 안에 있으므로 중국의 영유권 안에 속한다고 주장하고 있습니다. 그러나 이어도는 한·중

2 EEZ(Exclusive Economic Zone)는 인근 바다의 자원에 대해 배타적 권리를 행사할 수 있는 수역으로 연안에서부터 200해리까지의 바다를 말한다.

양국의 배타적 경제 수역이 겹치는 지역 안에 있습니다. 이런 경우 국제법에 의하면 마주보는 나라의 거리를 이등분한 중간선이 바다의 경계에 해당합니다. 그렇게 계산하면 이어도는 우리나라에 훨씬 가까워서 다음 페이지의 지도에서 보이는 것처럼 당연히 우리나라 바다의 영역 속에 포함되는 것입니다.

이와 같이 이어도가 우리나라 해역에 위치한다는 증거는 분명합니다. 그럼에도 불구하고 중국은 현재까지 중국 관공선을 이어도 인근

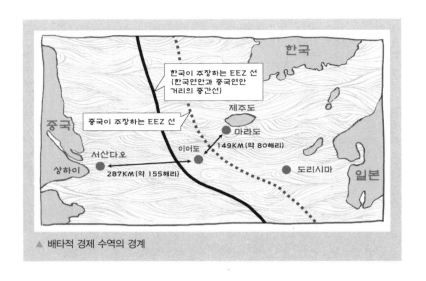

▲ 배타적 경제 수역의 경계

해역에 보내면서 이어도 관할에 대해 무리한 주장을 계속하고 있습니다. 안타까운 것은 우리나라도 중국에 이어도 분쟁의 빌미를 줬다는 것입니다. 2001년에 체결한 한·중 어업 협정에서 우리나라는 이어도를 '과도 수역'이 아닌 '잠정 조치 수역'에 두었으니까요. 과도 수역은 배타적 경제 수역과 같은 기능을 하지만, 잠정 조치 수역은 양국이 공동 관리하는 중간 수역 개념입니다.

그런데 중국이 이렇게 이어도를 분쟁지역화하고 있는 이유는 무엇일까요? 바로 이어도의 가치에 주목하고 있기 때문입니다. 이어도 해저에는 석유와 천연 가스 등 유용한 광물 자원이 풍부하게 매장되어 있을 것으로 추정됩니다. 뿐만 아니라 이어도 인근 해역은 각종 고급 어종이 서식하는 대형 어장이지요. 또 동북아 해상 교통의 길목에 자리 잡고 있어 항로 개발 측면에서도 중요한 가치를 지니고 있습니다.

예전에는 이어도에 아무런 관심이 없던 중국이 우리나라의 이어도 탐사에 갑자기 반발하며 이어도를 분쟁지역으로 만들려는 이유가 바로 여기에 있지요. 중국은 만주 지역의 우리 고구려 역사를 중국 역사에 편입하려는 '동북공정' 의 전력도 있습니다. 그렇다면 그들의 심상찮은 이러한 행보는 장차 '이어도 공정' 이 될 수 있지 않을까요?

제주도 사람들이 꿈꾸던 환상의 섬이 이어도의 과거였다면, 국제법에 따라 우리의 배타적 경제 수역 안에 건설된 해양과학기지는 이어도의 현재입니다. 그렇다면 이어도의 미래는 어떠해야 할까요? 우리의 생활 터전이었던 이어도를 그저 전설의 섬으로만 가둬 둘 수는 없을 것입니다. 분명한 것은 국민들의 관심, 그리고 정부의 적극적이고도 단호한 대처가 무엇보다 필요하다는 것입니다.

독도 분쟁은 왜 일어나는 걸까?

오늘날 세계 곳곳에서는 영역을 둘러싼 갈등이 심각하게 일어나고 있습니다. 국가의 주권, 국민의 생활과 직결된 영토, 영해 등을 둘러싼 분쟁은 민족적 자존심뿐만 아니라 자원에 대한 경제적 이익 등이 걸려 있어 복잡하게 전개될 때가 많습니다. 우리나라의 경우 앞에서 소개한 이어도 분쟁 이외에도 독도를 둘러싼 일본의 태도가 계속 분쟁거리가 되고 있습니다.

여러분은 독도에 대해 얼마나 알고 있나요? 독도는 울릉도에서 동남쪽으로 87.4킬로미터 떨어진 곳에 위치하며, 주소는 경상북도 울릉군 울릉읍 독도리 1~96번지입니다. 독도는 우리나라 영토 중 가장 동쪽에 있고, 제주도나 울릉도보다도 더 먼저 해저에서 형성된 화산섬입니다. 독도는 또한 울릉도에서 육안으로 보일 만큼 가까워서 오래전부터 우리나라 사람들이 울릉도와 독도를 오가면서 고기잡이 활동을 해왔습니다.

울릉도와 독도에 대한 우리나라 최초의 기록은 《삼국사기》(1145년)에 나옵니다. 신라 장군 이사부가 '우산국' 을 복속시켜 지배하게 되었다는 내용이 실려 있지요. '우산국' 은 울릉도와 독도를 다스리던 옛 나라의 이름입니다. 512년에 신라에 복속된 우산국은 고려시대에도 토산물을 바쳤고, 고려는 우산국에 관직을 내려 주어 지배 상태를 유지했다고 합니다. 또 조선시대에는 울릉도와 독도에 대한 기록이 더욱 많아져서 《세종실록지리지世宗實錄地理志》(1454년)와 《신증동국여지승람新增東國輿地勝覽》(1531년)에도 울릉도와 독도에 대한 기록이 등장하지요.

우리나라 고지도古地圖에도 독도는 많이 그려져 있습니다. 처음으로 그려진 것은 조선 초기의 〈팔도총도〉로, 울릉도와 독도를 별도로 표시한 것을 볼 수 있습니다. 우리나라 지도뿐만 아니라 일본의 고지도에서도 울

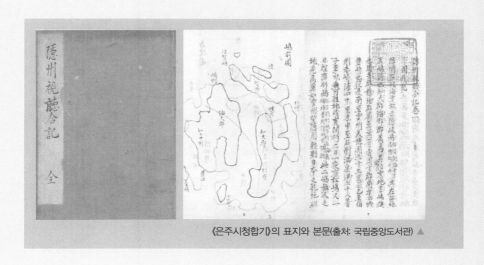

《은주시청합기》의 표지와 본문(출처: 국립중앙도서관) ▲

릉도와 독도를 일본 영역 밖으로 표시하고, 두 섬을 조선의 본토와 같은 색으로 칠한 것을 확인할 수 있습니다. 또한 일본 문헌 중 독도에 관해 기술된 최초의 기록인 《은주시청합기隱洲視聽合記》(1667년)에는 일본 땅의 서북쪽 경계가 '오키 섬隱岐島'으로 기록되어 있습니다. 즉 이 시대에 독도와 울릉도를 조선의 영토로 인정하고 있는 것이지요. 그럼에도 불구하고 일본은 무슨 근거로 이제 와서 독도가 자기네 땅이라고 주장하는 것일까요?

　일본은 러·일 전쟁 당시 울릉도와 독도의 군사적 가치를 알게 되었다고 합니다. 그리고 1905년 1월 28일 독도를 일본 영토에 편입하기로 결정한 뒤, 2월 22일에 독도가 시마네 현에 편입되었다고 정식으로 발표했습니다. 일본 정부는 이 발표 사실을 근거로 독도가 일본 영토가 되었다는 주장을 하고 있는 것입니다. 그러나 일본의 독도 편입은 국제법상 무효입니다. 왜냐하면 1905년 당시 독도는 '주인 없는 땅'이 아니었기 때문이지요. 일본은 독도를 일본 영토에 편입하는 과정에서 '이 섬이 타국에 소속되어 있다고 인정할 만한 사실이 없다'라고 주장하며 이른바 '무주지 선점론'을 펼쳤습니다. 그러나 앞서 살펴본 것처럼 독도는 오래전부터 우리나라의 영토로 인지되어 왔고, 실제로 우리 국민의 삶터로 활용되어 왔습니다. 더구나 일본은 우리나라에 아무런 협의나 통고 없이 일방적으로 독도 편입을 강행했기 때문에 절차상으로도 문제가 있습니다.

그렇다면 일본이 국제법의 관례를 어기면서까지 이처럼 무리한 주장을 계속하고 있는 이유는 무엇일까요? 그것은 당연히 독도가 지니고 있는 가치 때문입니다.

우선 독도의 근해에는 '가스 하이드레이트gas hydrate'가 6억 톤 정도 매장되어 있습니다. 가스 하이드레이트는 메탄이 주성분인 천연가스가 얼음에 둘러싸여 고체로 변화한 것이지요. 이 자원은 다른 연료보다 공해가 적어 차세대 에너지원으로 주목받고 있습니다. 독도에 매장된 6억 톤 분량은 자그마치 우리나라 가스 소비량 30년분에 해당한다고 합니다. 뿐만 아니라 독도 주변은 한류와 난류가 교차하는 조경 수역으로서 플랑크톤이 많아 대구, 명태, 오징어, 꽁치 등 각종 어족 자원이 풍부합니다. 독도는 독도 그 자체로 군사적 가치를 갖고 있기도 합니다. 한반도의 영해와 영공의 외연을 넓히고 주변 국가의 군사적 움직임에 대해 조기 정보를 얻는 데 유리하기 때문입니다. 또한 독도는 괭이갈매기를 비롯하여 다수의 조류, 곤충, 식물의 서식지로서, 그리고 화산 지형 연구 사례지로서도 중요한 가치를 지니고 있습니다.

현재 일본의 시마네 현은 '다케시마의 날'을 제정하여 독도를 일본 땅이라고 주장하고 있습니다. 최근에는 초·중·고 사회과 교과서에도 독도를 일본 땅이라고 기술하고 있지요. 이러한 일본의 억지에 우리는 어떠한 자세로 대응해야 할까요? 우리나라의 독도 영유권에 대한 정보를 주변 사람들과 공유하는 한편, 일본 정부의 주장에 대해서는 정부와 민간 차원에서 역사적, 법률적 관점에 입각하여 논리적으로 반박해야 할 것입니다. 우리 국토인 독도를 지키기 위해서는 다음 세대를 책임질 청소년 여러분들의 지혜가 매우 중요할 것입니다.

명당이 뭐예요?

조선을 건국한 태조 이성계는 1394년 고려의 수도였던 개성을 버리고 수도를 옮기기로 결정합니다. 그리고 조정의 대신들을 시켜 여러 지역을 검토한 끝에 고려시대에 남경南京으로 불리던 한양으로 도성을 옮기게 됩니다. 전통적으로 우리나라에서는 도읍이나 마을, 묘지 등의 위치를 정할 때 풍수지리 사상을 이용하곤 했습니다. 한양으로 도읍을 정한 것도 모두 풍수지리를 고려한 것이지요. 자, 그럼 지금부터 현재의 서울인 한양과 풍수지리 사상에 얽힌 이야기를 해 볼까요?

좌청룡 우백호

풍수지리에서는 좋은 기氣가 모이는 자리를 명당이라고 합니다. 이

▲ 근정전은 경복궁에서 가장 중요한 건물로 국왕의 즉위식과 같은 중요한 행사가 열리던 곳이다. 근정전 뒤쪽으로 보이는 산이 북악산이고 왼쪽으로 보이는 산이 인왕산이다. 풍수지리적으로 북악산으로 이어져온 지기가 뭉쳐서 명당을 이루고 있는 곳이 바로 이 근정전 앞마당이다.

명당의 터가 넓을 경우 마을이나 도시가 들어서고 좁을 경우에는 묘지가 들어섭니다. 풍수지리 사상에서 땅의 기운, 즉 지기地氣는 산을 따라 흐른다고 봅니다. 그러므로 명당은 산줄기를 따라 흐르던 기운이 멈춰서는 곳이지요. 한양에서 최고의 명당은 북한산과 북악산을 따라 흐르던 기운이 멈춰선 경복궁이었습니다. 그리고 엄밀히 말하면 경복궁 안에서도 국가의 중요한 행사가 열리던 근정전이 위치하고 있는 곳이 최고의 명당터라고 할 수 있습니다.

풍수지리에서는 땅의 기운이 이어져 내려온 산도 중요하지만 명당을 감싸고 있는 산도 중요하다고 봅니다. 우리가 흔히 '좌청룡 우백호'라고 부르는 산이 바로 그것입니다. 두 팔을 벌려 명당을 감싸안는 것 같은 인상을 주는 산이지요. 명당에서 남쪽을 바라보았을 때 좌측에 있는 산이 좌청룡, 우측에 있는 산이 우백호입니다. 청룡은 왼쪽을 상징하는 동물이고 백호는 오른쪽을 상징하는 동물입니다. 그리하여 한양을 명당이라고 봤을 때 좌청룡에 해당하는 산은 낙산이며, 우백호에 해당하는 산은 인왕산입니다.

낙산은 서울 종로구와 성북구의 경계를 이루고 있는 산으로 높이가 110미터 정도에 불과하며, 산 전체가 화강암으로 이루어져 있는 돌산입니다. 낙산을 따라 한양성이 축조되어 있으며 낙산 아래에는 흥인지문(동대문)이 위치하고 있지요. 산의 모양이 낙타의 등처럼 생겼기 때문에 '낙타 낙駱'을 사용하여 낙산이라 불린다는 이야기도 전해지고 있습니다. 낙타산, 타락산으로도 불렸다고 하는데, 〈대동여지도〉에 포함된 〈경조오부도〉에도 낙산駱山이라고 표시되어 있습니다.

실제로 호랑이가 살았던 것으로 알려지기도 했던 인왕산은 종로구와 서대문구 홍제동 사이에 위치하며 높이는 약 338미터입니다. 낙산과 마찬가지로 화강암으로 이루어진 돌산이지요. 원래는 산 이름이 인왕仁王이었으나 일제 강점기에 '왕王'자를 일본日의 왕王처럼 보이도록 인왕仁旺으로 바뀌었다가, 1995년에 다시 인왕仁王으로 복원되었습니다. 인왕산의 능선을 따라 한양성이 있으며 주산主山인 북악산과는 자하문 고개로 연결되어 있습니다.

흥미로운 점은 인왕산에는 호랑이와 관련된 설화가 많다는 것입니다. 한양과 인접한 산이라 실제로 호랑이가 살았을 가능성은 적은 것

▲ 낙산의 능선을 따라 축조된 한양성. 일제에 의해 성곽이 많이 훼손되었지만 낙산 부근에는 비교적 잘 보존되어 있다. 멀리 남산이 보인다.

으로 보이지만, 세조와 선조 때 호랑이가 궁궐로 침입했었다는 기록이 전해지기도 하지요. 인왕산과 호랑이를 연결시키는 것은 우리 조상들이 인왕산 자체가 호랑이와 닮았다고 여겼기 때문입니다. 가령 인왕산의 모양이 호랑이가 남쪽을 바라보면서 웅크리고 있는 모습이라는 견해도 있으니까요.

한때 도성을 둘러싸고 있어 풍수지리적으로 중요한 산으로 인식되었던 낙산과 인왕산은 지금은 사람들이 많이 찾는 휴식공간의 역할을 합니다. 낙산의 경우 예전에는 산꼭대기까지 아파트가 들어서 있었지만, 지금은 오래된 아파트가 철거되고 그 자리에 낙산공원이 들어서 있어 많은 사람들이 찾고 있지요. 동대문 바로 옆에 있는 이화여자대

학교 병원 옆길이나 창신초등학교 쪽으로 낙산에 오를 수 있고, 동대문에서 마을버스를 이용해도 낙산 정상까지 갈 수 있습니다.

인왕산은 1968년 1월 21일 무장간첩 김신조 등이 일으킨 '1·21사태' 이후 출입이 통제되다 1993년 5월에 개방됐습니다. 인왕산 자락에는 민간신앙의 신을 모시는 곳 중 하나인 국사당도 있어 한 번쯤 들러볼 만합니다. 선바위, 범바위 등도 살펴보길 추천합니다.

숭례문으로 관악산을 막는다?

서울은 좌청룡과 우백호, 남주작과 북현무 등을 잘 갖춘 '풍수지리의 교과서' 같은 곳입니다. 하지만 이러한 서울에도 풍수지리적으로 부족한 점이 있습니다. 그중 하나는 북악산에서 인왕산으로 이어지는 부분이 너무 낮아 겨울에 차가운 북서계절풍의 영향을 강하게 받는다는 점입니다. 또 한 가지는 북악산과 인왕산이 그리 높지 않고 산세가 크지 않아 물이 그리 풍부하지 못하다는 점입니다. 그러다 보니 명당수인 청계천의 유량이 충분하지 않았습니다.

심각한 것은 겨울철에 한양에서 불이 자주 일어났다는 점입니다. 이는 북서풍의 영향과 관계가 있어 보입니다. 북악산과 인왕산 사이의 낮은 고개를 넘어온 찬바람은 경복궁의 높은 담을 만나 쉽게 회오리바람과 같은 상승 기류로 변할 수 있었습니다. 이러한 바람은 작은 불씨도 큰 화재로 번질 수 있게 만들었지요. 게다가 그 당시에는 대부분의 가옥이 목조건물인 탓에 한번 화재가 발생하면 그 피해도 매우 컸습니다.

서울 남쪽에 자리 잡은 관악산은 풍수지리적 관점에서 볼 때 불火을 상징한다고 알려져 있습니다. 남쪽이 오행 중에서 불을 상징하고, 관악산 자체도 불꽃이 타오르는 형상을 하고 있기 때문입니다. 화기를 띤 관악산 때문에 도성에 자주 화재가 발생한다는 의견도 많았다고 합니다. 이 때문에 관악산의 화기를 억누르기 위한 장치들이 동원되곤 했는데요. 숭례문도 그중 하나입니다. 숭례문의 '례禮'(예절)는 오행 중에서 불을 뜻합니다. 즉 숭례문의 불로써 불을 막아보겠다는 의지가 담겨 있는 것이지요.

뿐만 아니라 전각이나 대문의 현판이 대부분 가로로 되어 있는 것과 달리 숭례문의 현판은 세로로 쓰여져 있습니다. 이 역시 관악산의 화기를 억누르기 위한 것이었습니다. 또한 숭례문 밖에 '남지南池'라는 연못을 팠던 것도 이와 관련이 있다고 합니다. 광화문 앞에 있는 두 마리의 해태(해치)상도 마찬가지입니다. 이것은 물의 기운을 상징하며, 관악산의 화기가 미치는 것을 막기 위해 만들어졌다는 이야기가 전해지고 있습니다.

그렇다면 관악산의 화기는 정말 서울에 큰 화재를 불러오는 원인이었을까요? 어쩌면 관악산의 화기를 끄집어내어 일상생활에서 불을 조심해야 한다는 것을 강조하고 싶었던 것일 수도 있습니다. 이와 같이 풍수지리적으로 부족한 부분을 해결하려고 했던 것을 '비보풍수'라고 합니다. 산이 있어야 할 곳에 산이 없으면 흙을 쌓아 '가짜 산'

▲ 광화문과 해태(해치)상. 현재 광화문과 해치상 모두 과거의 위치보다 북쪽으로 물러나 있다.

을 만든다든가 나무를 심어 산처럼 보이도록 했던 것이 그 예입니다. 비보풍수는 인간의 운명이 자연에 의해서만 결정되는 것이 아니라 인간이 얼마든지 자연과 조화를 이루며 살아갈 수 있다는 것을 보여 주는지도 모릅니다.

조선시대에는
왜 읍성이 발달했을까?

여러분은 도시라는 단어를 들으면 어떤 풍경을 먼저 떠올리시나요? 아마도 빽빽이 들어서 있는 고층 빌딩들, 많은 사람들이 지나다니는 거리 등을 떠올릴 수 있을 것입니다. 그럼 시간을 거슬러 올라가 과거 조선시대 도시의 풍경을 떠올려 보지요. 어떤 모습이었을까요? 과거 조선시대의 도시 모습을 보려면 당시에 그려진 고지도古地圖를 살펴보는 것이 좋습니다. 조선시대에 그려진 고지도들은 그림의 형태를 하고 있어서 당시의 모습을 잘 보여 주고 있기 때문입니다.

고지도 속에 나타난 조선시대 도시의 가장 큰 특징 중 하나는 대부분의 도시들이 성곽으로 둘러싸여 있다는 것입니다. 정조 임금의 효심이 담긴 공간인 수원 화성은 우리나라 최초의 신도시라고 할 수 있습니다. 미리 계획에 의해서 도시를 건설했으며 도시 건설 후에는 백성들을 이주시켜서 살게 한 곳이지요. 이 수원화성 역시 튼튼한 성곽으로 둘러져 있습니다.

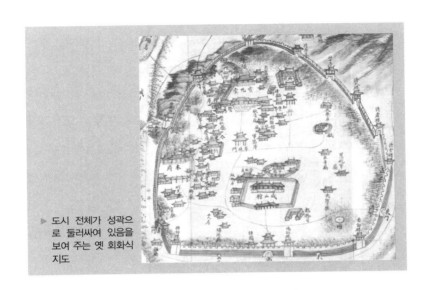

▶ 도시 전체가 성곽으로 둘러싸여 있음을 보여 주는 옛 회화식 지도

조선에 성곽 도시가 처음부터 많았던 것은 아닙니다. 1454년에 간행된 《세종실록지리지世宗實錄地理志》에 따르면 전국 335개소의 행정 구역 중 단지 96개만이 읍성(지방 군현의 주민을 보호하고 군사, 행정 기능을 담당하던 성)이었다고 합니다. 그러나 이보다 후대에 쓰여진 《신증동국여지승람新增東國與地勝覽》에 의하면 읍성이 160개소로 증가했습니다. 이후 계속 증가하여 1895년에는 도호부(고려·조선시대의 지방 행정 기구) 이상 도시의 70%가, 군과 현의 30% 정도가 읍성 도시였다고 합니다. 그렇다면 이들 읍성 도시들은 어떤 구조로 되어 있으며, 어떤 역할들을 수행했을까요?

읍성에 대해 알고 싶은 것

우선 읍성의 기능부터 살펴볼까요? 기본적으로 읍성은 방어와 행정 기능을 수행했던 일종의 공공 시설물이었습니다. 평상시 백성들은 주로 성곽 밖에서 생활했지만 적이 쳐들어오면 모두 읍성 안으로 들어와서 적과 싸웠습니다. 읍성 안에는 고을을 다스리는 관아가 있었습니다. 우리가 사극에서 종종 보았던 고을 사또가 직무를 보는 곳이 바로 관아입니다. 읍성은 또한 우리 조상들의 삶의 터전이기도 했습니다. 다양한 교육, 종교, 예술, 상업 활동 등이 이루어지던 곳이었지요. 교통이 발달하지 않았던 조선시대에 읍성은 생활과 문화의 중심지였습니다.

그럼 읍성은 어떤 구조로 되어 있었을까요? 먼저 읍성의 출입구로 들어가 봅시다. 당연히 문 앞에는 포졸들이 삼지창을 들고 보초를 서고 있었겠지요. 그런데 다음 페이지에 있는 사진에서 보이는 것처럼 문은 세 개나 있습니다. 이것을 삼문三門이라고 하는데, 가운데 넓은 문은 수령과 사신 같은 VIP들의 출입구입니다. 또 왼쪽 문으로는 양반이나 아전들이 드나들었고 오른쪽 문으로는 군관, 장교, 그리고 일반 백성들이 출입했습니다.

이제 이 문을 통과해서 더 안쪽으로 들어가 보겠습니다. 읍성마다 차이는 있지만 기본적으로 읍성 내의 도로는 T자형 구조입니다. 입구를 지나서 도로 양쪽으로 민가를 볼 수 있습니다. 읍성 내부의 가장 핵심적 장소에는 객사客舍가 있습니다. 객사는 손님을 모시는 시설입

읍성 내부의 삼문(三門) ▲

니다. 그런데 왜 읍성의 가장 핵심적 장소에 이 시설이 있었을까요? 바로 객사에 임금님의 전패(임금을 상징하는 전각 '전殿' 자를 새긴 나무 패)가 모셔져 있기 때문입니다. 객사에서는 정월 초하루와 보름에 대 궐을 향해 절을 했다고 합니다.

또 다른 주요 장소로는 동헌東軒이 있습니다. 동헌은 고을 수령의 집무 시설로, 오늘날로 말하면 시청쯤 되는 곳입니다. 동헌 주변에는 군기고, 중영, 향청, 이방청 등 각종 행정 시설들이 있었습니다. 동헌 이 있으니 서헌도 있겠지요. 서헌西軒은 수령의 살림채라고 할 수 있 습니다. 내아內衙라고도 일컬어졌지요. 그밖에 읍성에는 창고, 옥 등 의 시설들도 있었습니다. 당시의 감옥은 둥근 담으로 둘러싸여 있었 습니다. 아마도 도망가지 못하게 하려고 담을 두른 것이겠지요.

1부 우리 땅과 역사 ... 33

▲ 낙안읍성의 동헌. 수령이 재판을 하고 있는 모습이 밀랍인형으로 재현되어 있다.

이제 읍성 안에 있었던 교육 시설도 살펴볼까요? 조선시대 지방의 교육기관으로는 크게 향교, 문묘, 서원 등이 있었습니다. 향교와 문묘는 공립 교육기관이었으며, 사원은 사립 교육기관이었습니다. 대표적인 교육기관인 향교는 읍성 밖에도 있었습니다.

공간에 숨겨진 의미를 읽어라

조선시대에는 그렇게 많던 읍성들이 지금은 다 어디로 사라진 것일까요? 현재 원형을 잘 보존하고 있는 읍성은 순천의 낙안읍성, 고창의 고창읍성, 서산의 해미읍성 정도입니다. 나머지 읍성들은 언제 어떻게 사라졌을까요? 대부분의 읍성들은 일제의 지배가 가속화되면서 급속하게 붕괴되기 시작했습니다. 일제가 식민 지배를 효율적으로 하는 데 읍성은 하나의 걸림돌이었기 때문입니다. 일제는 서둘러 읍성을 제거하기 시작했지요. 우선 성곽이 헐렸습니다. 성곽이 헐리면서 나온 석재들은 민가에서 가져다가 건축자재 등으로 이용하기도 했습니다. 성곽 내부 행정 관청들의 일부는 헐리

고창읍성(위)과 낙안읍성(아래) ▲

기도 했지만 용도가 바뀌어 일제에 의해 경찰서, 관사, 우편국 등으로 이용된 곳도 있습니다.

읍성의 붕괴는 곧 조선의 붕괴이기도 했습니다. 이제 읍성의 입구에서는 삼지창을 든 포졸 대신 일본의 헌병대가 칼을 차고 보초를 서게 됐습니다. 조선왕조의 권위를 상징하던 것이 일제 식민지배의 표상으로 바뀐 것이지요. 읍성의 붕괴는 산업화를 거치면서 더욱 가속화되었고, 결국 오늘날에는 읍성이 대부분 사라지게 되었습니다.

읍성은 분명 조선의 특징적인 장소임에 틀림없습니다. 객사와 관청이 있던 읍성은 조선시대 권위와 권력을 상징하는 공간이었으니까요. 읍성은 통치와 권력의 공간이었으며, 읍성을 둘러싸고 있는 두

꺼운 성벽은 방어를 위한 도구일 뿐 아니라 분리와 차별의 상징이기도 했습니다. 성곽의 안과 밖은 사뭇 다른 공간이었습니다. 성곽 내부에는 통치자의 위엄이 작동했으며 성곽 밖에서는 민중들이 고단한 삶을 꾸려갔습니다. 교통과 통신이 발달하지 않아 왕의 힘이 모든 지방까지 뻗어가기 어려웠던 당시의 성곽은 지방의 토호 세력들을 좁은 성곽 안으로 묶어두는 역할을 하기도 했습니다.

모름지기 장소에 새겨진 의미를 알면 그 장소를 만들고 그 장소와 더불어 살았던 사람들의 생각을 읽을 수가 있습니다. 우리나라 도시가 과거에 어떤 모습이었는가를 살펴보면 전통적 공간에 대한 이해를 높일 수 있을 것입니다. 현재의 모습은 수많은 과거들이 누적된 결과입니다. 그러므로 장소와 사람에 대한 이해를 돕는 지리학은 바로 과거와 현재를 이어 주는 역할을 하는 학문이라 할 수 있습니다.

조선의 품격을 보여 주는
〈대동여지도〉

우리나라에는 세계에 자랑할 만한 문화유산들이 많습니다. 한글, 팔만대장경, 궁궐, 석굴암, 금속활자 등은 우리가 문화민족임을 잘 드러내 주는 훌륭한 자산들입니다. 다양한 문화유산 중에서 대한 제국 이전의 고지도도 빼놓을 수 없습니다. 또한 고지도 중에서 가장 훌륭한 작품이 〈대동여지도〉라는 것에 크게 이견이 없을 것이라 생각합니다.

세계의 지도에 대한 역사를 집대성한 《The History of Cartography (지도학사)》라는 책이 있습니다. 총 8권의 시리즈로 구성된 이 책의 '동남 및 동부 아시아' 편에서는 특별히 여러 쪽을 할애해서 〈대동여지도〉에 대해 자세히 다루고 있습니다. 그 책에서 〈대동여지도〉는 한마디로 정교하면서도 품격을 갖춘 지도라고 소개되어 있지요. 그런데 모두가 아는 이 유명한 〈대동여지도〉를 실제로 본 사람은 별로 많지 않은 것 같습니다. 〈대동여지도〉에 대해 그리 잘 알고 있지도 않은 것

같고요. 그럼 지금부터 고산자古山子 김정호의 〈대동여지도〉를 자세히 들여다볼까요?

〈대동여지도〉 깊이 읽기

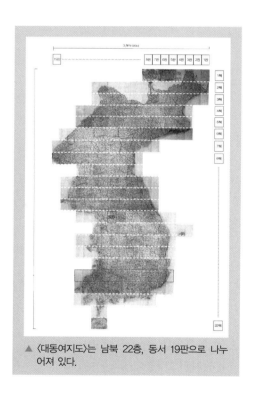

▲ 〈대동여지도〉는 남북 22층, 동서 19판으로 나누어져 있다.

먼저 〈대동여지도〉의 크기를 살펴보는 것으로 시작하지요. 결론부터 말하면 〈대동여지도〉는 대략 높이 6.6미터, 폭 2.4미터의 거대한 지도입니다. 그러니까 적어도 건물 3층 높이는 되어야 벽에 걸 수가 있는 셈이지요. 이렇게 큰 지도지만 전국이 일정한 구간별로 나누어져 있고, 접을 수도 있습니다. 〈대동여지도〉는 전국이 남북 22층, 동서 19판으로 나누어져 있는 목판 인쇄 지도로 한 구간의 크기는 대략 가로 20센티미터(cm), 세로 30센티미터 정도입

니다. 각 구간을 모두 이어붙이면 전국 지도가 완성되는 형태이지요.

구간의 구분은 다음과 같습니다. 우선 전국이 남북 22개의 층으로

나누어지고, 한 층이 하나의 책자
형태를 이룹니다. 이러한 책자 하
나를 '첩'이라 하므로 〈대동여지
도〉는 총 22개의 첩으로 이루어져
있는 것이지요. 이와 같이 첩으로
나누어져 있다고 하여 '분첩식'

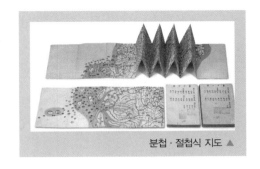

분첩·절첩식 지도 ▲

지도라고도 합니다. 또 가로로 긴 하나의 첩은 마치 병풍처럼 접었다
펼쳤다 할 수 있도록 했는데, 이런 방식을 '절첩식'이라고 합니다. 분
첩식, 절첩식으로 만들어진 지도는 보고 싶은 부분만 따로 볼 수도 있
으며, 넓은 지역을 보고 싶을 경우에는 여러 첩의 지도를 이어 붙이면
되니 편리하지요.

　이번에는 〈대동여지도〉에 표시된 내용들을 살펴볼까요? 〈대동여지
도〉는 종류가 다른 세 가지 선들로 채워져 있습니다. 그중에서 가장
굵은 선은 산지를 나타냅니다. 또한 〈대동여지도〉의 모든 산지들은
모두 하나의 줄기로 이어져 있습니다. 우리 땅을 사람의 몸과 같은 것
으로 여겼던 조상들의 생각이 드
러나는 대목입니다. 조상들은 산
줄기를 뼈대라고 생각했으며, 그
사이사이를 흐르는 강들은 핏줄
로 여겼습니다. 그래서 백두산에
서 지리산에 이르는 큰 줄기를 척
추에 비유하여 백두대간이라고

굵은 선으로 산지가 모두 연결되어 있다. ▲

불렀습니다. 그리고 여기서 나뭇가지처럼 작은 산줄기들이 뻗어 나와 있다고 생각했습니다.

재미있는 것은 〈대동여지도〉가 산지를 전체로 이어서 표현하면서도 개별적인 산지의 특징 또한 잘 살렸다는 점입니다. 가령 서울의 삼각산은 세 개의 산봉우리로 나타냈으며 백두산은 정상 부근을 하얗게 그려 놓았습니다. 실제 산을 그 모양 그대로 그렸다기보다는 사람들의 인식 속에 담긴 산의 이미지를 표현한 것입니다.

〈대동여지도〉에 그려져 있는 가는 선은 두 가지입니다. 하나는 직선으로, 다른 하나는 곡선으로 되어 있지요. 직선은 도로를, 곡선은 물줄기를 표현한 것입니다. 도로가 직선으로 되어 있다고 하니 과연 조선시대에 이런 직선 도로가 있었는지 궁금해할 수도 있겠네요.

지도에 직선으로 그려져 있는 도로의 실제 모습은 곡선이었다고 합니다. 그럼 왜 곡선 도로를 직선으로 나타냈을까요? 그것은 물길과 도로를 구분하기 위해서였습니다. 〈대동여지도〉는 목판 인쇄 지도입니다. 즉 지도를 목판에 새긴 후에 이를 종이에 찍어서 인쇄한 것이지요. 목판에 새겨 찍어 내다 보니 지도를 한 가지 색으로 표현할 수밖에 없었습니다. 그리고 도로와 물길을 다르게 나타내기 위해 색 대신 각각 직선과 곡선으로 구분하여 그린 것이고요.

한편 〈대동여지도〉에 나타난 도로를 자세히 보면 방점들이 찍힌 것을 알 수 있습니다. 이 방점은 거리를 나타내는 역할을 합니다. 방점간의 간격은 10리(〈대동여지도〉의 방점 간 평균 거리는 대략 5.5킬로미터를 나타냄)로 산지에서는 간격이 좁게, 평지에서는 넓게 찍혀 있습니다. 같은 10리라도 산지는 높낮이의 변화가 커서 위에서 내려다보면 좁게 보일 것이고, 평지는 펼쳐져 있어서 넓게 보이겠지요. 그런 점을 지도에 그대로 표현해 놓은 것입니다. 여행자는 이 사려 깊은 지도를 보고 10리 간격이 좁

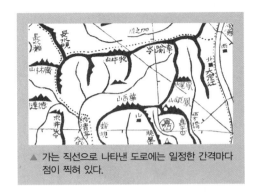

▲ 가는 직선으로 나타낸 도로에는 일정한 간격마다 점이 찍혀 있다.

게 되어 있으면 '산지라서 험하겠구나' 생각하고 미리 대비를 했겠지요.

앞에서 물길은 곡선으로 표시한다고 했던 것을 기억하시나요? 그런데 물줄기를 나타낸 곡선도 두 가지가 있습니다. 어떤 것은 한 줄로, 어떤 것은 두 줄로 표시했지요. 한 줄로 표시된 곳은 강폭이 좁아서 배가 다닐 수 없거나 배를 타지 않아도 건널 수 있는 하천입니다. 두 줄은 강폭이 넓어서 배가 다닐 수 있거나 혹은 반드시 배를 타야 건널 수 있는 하천을 나타냅니다.

예로부터 우리나라는 산이 많고 들이 적어서 육로로는 무거운 물건을 운반하기가 어려웠습니다. 또 바닷길은 사고가 많았지요. 그래서 내륙의 하천을 이용한 수운이 발달했고, 하천 곳곳에는 크고 작은 나루터가 있었습니다. 국가에서 세금으로 걷은 쌀을 보관하던 창고(조창)들도 하천 주변에 있는 경우가 많았습니다. 주로 하천을 통해서 쌀을 운반했기 때문입니다. 배가 다닌 하천을 표시한 쌍선과 도로를 모두 연결하면 우리나라의 전체적인 물류 네트워크(연결망)가 만들어

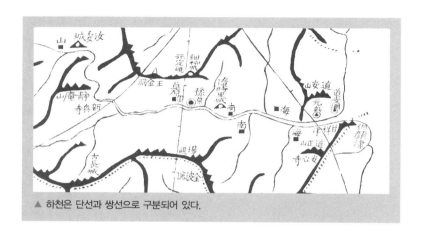

▲ 하천은 단선과 쌍선으로 구분되어 있다.

집니다. 따라서 〈대동여지도〉를 보면 어떤 경로를 이용할 수 있을지, 그리고 얼마의 시간이 소요될지 짐작할 수 있었겠지요.

〈대동여지도〉와 이전 지도의 가장 큰 차이는 기호의 사용이라고 할 수 있습니다. 오늘날에는 지도에서 기호를 당연하게 사용합니다. 그러나 고지도 중에서 기호가 쓰인 것은 〈대동여지도〉가 처음입니다. 글자를 직접 쓰지 않고 기호를 사용하면 좋은 점이 많습니다. 지도에 표시할 사항을 모두 글자로 적는다면 지도가 글자로 꽉 차서 매우 복잡해지겠지요. 그러나 이것을 기호로 대체하면 훨씬 단순해져 보기가 편할 것이고, 지도에 좀 더 많은 것들을 표시할 수가 있습니다.

〈대동여지도〉에서는 전부 22개의 기호가 사용되고 있습니다. 몇 가지 예를 살펴볼까요? '⊕'는 역참을 나타낸 것입니다. 또 '▲'는 봉수를, '�口'는 창고를 표시한 것입니다. 〈대동여지도〉는 이전까지 그려진 지도의 장점을 모두 흡수하고 거기에 김정호 선생의 독창적

아이디어를 더한 지도입니다. 그야말로
고지도의 완결판이라고 할 수 있습니다.

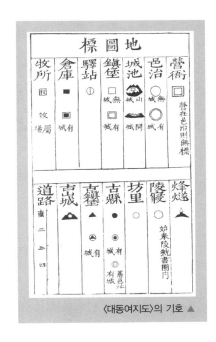

〈대동여지도〉의 기호 ▲

조선시대에 〈대동여지도〉를 어떻게 만들었을까?

그런데 이렇게 훌륭한 지도는 어떻게
만들어졌을까요? 김정호 선생이 단독으
로 제작했는지, 정말 전국을 일일이 답사
하고 측량해서 만들었는지 궁금하지 않
나요? 김정호의 〈대동여지도〉와 현대의
지도를 겹쳐 보면 북부 지방의 외곽선만 약간 차이가 날 뿐 나머지는
거의 일치합니다. 어떻게 이 정도로 정확한 지도를 그릴 수 있었는지
놀라울 따름이지요. 이는 한 사람의 노력으로는 불가능한 작업입니
다. 실제로 당시 조선은 지도 제작에 필요한 여러 가지 기술을 확보하
고 있었으며, 〈대동여지도〉처럼 정밀한 지도도 많았습니다.

지도가 정확하려면 각 지점의 위치, 거리, 방향 등이 정확해야 합
니다. 오늘날에는 지도의 오차를 줄이기 위해서 GPS 장비를 활용하
고 항공 측량을 통해 지도를 제작하지요. 그러한 장비가 없었던 조선
시대에는 어떻게 각 지점의 위치를 파악했을까요? 놀라운 사실이지
만 조선시대에도 나름대로의 경위도망(경도선과 위도선으로 구성되는

▲ 기리고차 모형

망)을 가지고 있었다고 합니다. 이미 세종대왕 때 북극 고도를 기준으로 한 각 지점별 경도와 위도의 계산이 나름대로 이루어졌으며, 이후에 수시로 이를 수정했다는 기록이 존재합니다. 즉 아주 정확하지는 않았지만 주요 지점의 위치를 파악하고 있었다는 이야기입니다.

그렇다면 거리는 어떻게 측정했을까요? 조선시대에는 '기리고차'라고 하는 놀라운 거리 측정 기구가 있었습니다. 이 기구는 수레 모양을 하고 있는데요. 수레의 바퀴가 돌면서 바퀴에 연결된 톱니바퀴가 돌아 일정한 거리를 갈 때마다 종이나 북을 울려 거리를 알 수 있게 했습니다. 수레가 1리를 가면 종을 울리고 10리를 갈 때마다 북을 울렸는데, 기록자는 수레 위에 앉아서 소리를 듣고 기록만 하면 되었다고 합니다. 조선시대에 이미 이런 기구가 있었으니 그 당시의 지도 역시 실측에 의해 만들어졌음을 짐작할 수 있겠지요.

결국 김정호 선생은 이전에 제작된 지도들과 지리지 등을 참고하고 조선의 발달된 지도 제작 기술을 이용하여 〈대동여지도〉를 만든 것입니다. 선생은 〈대동여지도〉 하나만 만든 것이 아닙니다. 〈대동여지도〉 이전에 〈청구도〉라는 지도를 먼저 제작했으며 《여도비지》, 《대동지지》와 같은 지리서적도 저술하였습니다.

지도를 제작하는 데에는 많은 비용이 들어갑니다. 김정호 선생이

〈대동여지도〉를 그리는 데에도 경제적 도움을 준 사람이 있었지요. 바로 혜강 최한기입니다. 실학자였던 최한기는 평생 벼슬을 하지 않고 살면서 백성들의 삶을 이롭게 할 자신만의 학문을 연구하였으며, 학문 연구에 필요한 동·서양의 많은 서적들을 수집했습니다. 재산이 많았던 그는 김정호 선생이 지도를 그리는 데 필요한 자료를 제공해 주었으며, 재정적 지원도 아끼지 않았습니다. 〈대동여지도〉는 이렇게 김정호 선생 개인의 작품이

〈지도유설〉 ▲

라기보다는 조선의 축적된 지도 제작 기술, 주변의 선각자들의 도움에다 김정호 선생의 열정과 노력이 더해진 것이라고 할 수 있습니다.

평생을 지도와 지리지 제작에 바친 김정호 선생은 정작 자신이 어떤 사람인지에 대해서는 한마디의 글도 남기지 않았습니다. 다만 〈대동여지도〉의 맨 위에는 〈지도유설地圖類設〉이라는 글이 있습니다. 일종의 머리말과 같은 것인데요. 이 글을 통해서 김정호 선생은 "외적이 쳐들어오면 이 지도로 강포한 무리를 막고, 평화로운 시기에는 이 지도를 나라를 다스리는 데 이용하기를 바란다"라고 밝히고 있습니다. 이렇듯 그가 자신의 부귀영화가 아니라 온 국민의 안위를 위해서 일생을 바쳤기 때문에 〈대동여지도〉와 같은 훌륭한 역작이 탄생하지 않았나 생각해 봅니다.

오늘 내가 발을 딛고 사는 이 땅의 주인이 우리 자신임을 자각하고 살아갈 때 우리는 스스로가 얼마나 가치 있는 존재인지를 알게 됩니다. 김정호 선생은 그 땅을 지도에 담아냄으로써 우리 땅에 대한 자신의 애정을 담담하게 표현하였습니다. 그것은 우리가 이 소중한 땅을 위해 어떤 일을 할 수 있을지 생각하게 합니다.

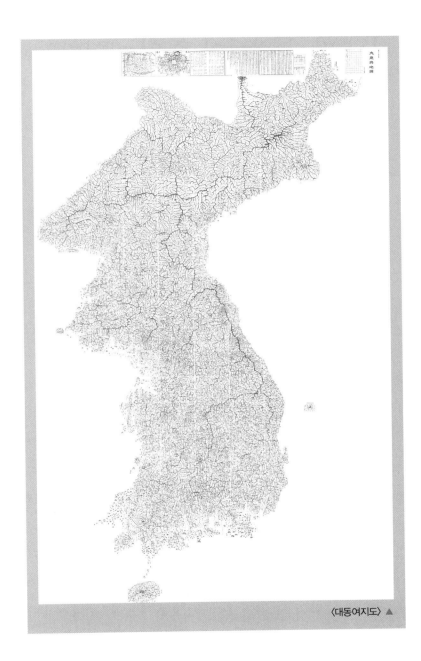

大東輿地圖

〈대동여지도〉 ▲

길이 많이 생기면 좋은 것일까?

길은 세상을 이어 주는 역할을 합니다. 우리는 일생의 많은 시간을 길 위에서 보냅니다. 그래서 길은 영화, 소설, 시 등의 단골 소재이기도 합니다. 길의 종류도 조그마한 시골의 오솔길에서 차들이 쌩쌩 달리는 고속도로까지 다양합니다. 그중에서 도로道路는 사람이나 차들이 다닐 수 있도록 만든 비교적 넓은 길입니다.

인류는 아주 오래전부터 국가의 통치를 위해서 도로를 만들었습니다. 모든 길은 로마로 통한다는 말이 있을 정도니까요. 유럽에 거대한 제국을 건설했던 로마는 넓은 영토를 통치하기 위해서 마차가 다닐 수 있는 넓은 도로를 만들었습니다. 그렇다면 옛날 우리나라에는 어떤 길들이 있었을까요? 사극을 보면 선비들이 한양에서 치러지는 과거 시험을 보기 위해서 괴나리봇짐을 메고 여러 날을 걸어가는 장면을 간혹 볼 수 있습니다. 과거 우리 조상들은 어떤 길을 이용해서 다녔을까요?

우리 옛길 이야기

옛날 우리나라의 도로는 역로驛路를 중심으로 발달했습니다. 오늘날의 역驛은 열차가 출발하거나 도착하는 곳이지만 옛날의 역은 말을 바꾸어 타는 곳이었지요. 바로 이 역과 역을 연결하는 길이 역로입니다. 역은 국가의 중요한 문서를 전달하고 관공서에 필요한 물품을 수송하거나 관리들의 이동을 지원하는 시설이었습니다. 역에는 역졸과 역마가 배치되어 있었습니다. 기본적으로 역은 역로를 따라 30리마다 설치하는 것이 원칙이었습니다.

그런데 이 길도 다시 대, 중, 소로 나눌 수 있었습니다. 〈대동여지도〉로 유명한 고산자 김정호의 자서전 《대동지지》에 따르면 과거 조선에는 10개의 큰 대로가 있었다고 합니다. 당시의 대로는 오늘날의 고속도로와 비슷한 역할을 했던 길이겠지요. 지금의 경부고속도로에 해당하는 영남대로(별칭 : 동래대로), 호남고속도로에 해당하는 삼남대로(별칭 : 해남대로)가 그렇습니다. 또한 지금의 영동고속도로에 해당하는 평해대로가 서울에서 강릉까지 이어져 있었지요. 그 밖에도 의주대로, 경흥대로, 봉화대로, 강화대로, 수원별로, 충청수영로, 통영별로 등이 있었습니다. 그러면 당시 동래(오늘날의 부산)에서 한양까지는 얼마나 걸렸을까요?

지금은 서울에서 부산까지 가는 데 자가용을 이용하면 다섯 시간 정도가 걸리지요. 당시에는 걸어서 거의 한 달이 걸렸다고 합니다. 당연히 중간에 숙박도 해야 했겠지요. 그래서 조선시대에는 나그네들이 쉬어갈 수 있는 숙박 시설들이 곳곳에 있었는데, 요즘으로 치면 고속도로 휴게소쯤 될까요? 이런 시설들이 모여 있는 곳의 지명에는 '역'이나 '원'이라는 글자가 많이 들어갑니다. 역촌驛村, 역곡驛谷, 역삼驛三, 이태원梨泰院, 고막원古幕院, 장호원長湖院, 퇴계원退溪院 등이 대표적이지요.

우리가 사극을 통해 종종 볼 수 있는 주막은 여행자나 장사꾼들이 주로 이용하던 숙박 시설입니다. 주로 국밥, 막걸리 등을 팔았으며 숙박은 무료였습니다. 요즘 호텔은 숙박을 하면 조식을 제공하는 식이지만 조선의 주막은 음식을 먹으면 숙박이 덤으로 주어지는 방식이었다고 할까요? 무료였으니 아마도 잠자리가 좋지는 않았을 것 같습니다. '봉놋방'으로 불리는 곳에서 여러 사람들이 함께 잠을 자야 했으니 불편했겠지요. 그래도 나그네에게는 꼭 필요한 시설이었을 것입니다.

길은 항상 평지에만 있는 것은 아닙니다. 교통이 발달하지 않았던 옛날에는 먼 길을 갈 때면 간혹 큰 고개도 넘어야 하고 천 길 낭떠러지 벼랑길도 만나야 했습니다. 영남 지방에서 수도권을 가려면 소백산맥을 넘어야 했습니다. 소백산맥에는 죽령, 조령, 이화령, 추풍령 등 여러 고개들이 있었지요. 영남대로는 새들도 울고 넘는다는 문경새재(새재에는 '사잇길'이라는 의미도 있음)를 통과하는 코스였습니다. 이 새재 북쪽의 죽령을 지나는 길을 영남좌로左路, 남쪽의 추풍령을 지나는 경로를 영남우로右路라고 했지요.

오늘날 문경새재는 관광지로 조성되어 즐기며 다닐 수 있는 길이

조령 제1관문인 주흘관 ▲

되었지만 당시에는 숨을 헐떡이며 넘어야 하는 힘든 고개였습니다. 아직도 고개 중간중간에 당시의 주막터들이 남아 있으며 과일나무들도 간혹 있습니다. 옛날 여행객들이 길을 지나다 뱉은 과일 씨가 자라 과일나무가 되었다고 하네요. 그렇게 산세가 험하니 문경새재는 당연히 군사적 요충지로서도 중요한 역할을 했습니다. 이곳에는 총 세 곳의 관문이 설치되어 있습니다. 제1관문이 주흘관이고, 제2관문이 조곡관, 제3관문이 조령관입니다. 임진왜란 때는 왜군들이 이 길을 이용해서 한양으로 진격한 아픈 역사도 있습니다.

길을 가다 보면 어쩔 수 없이 가파른 절벽을 만나기도 하는데 이 절벽을 따라 선반처럼 난 벼랑길을 잔도棧道라고 합니다. 영남대로를 가다 보면 황산잔도, 작천잔도, 관갑천잔도가 유명하지요. 관갑천잔

▲ 관갑천잔도의 일부

도는 일명 토천(토끼비리)이라고도 합니다.

옛날 고려를 건국한 왕건이 이곳에서 길이 막혔는데, 마침 토끼가 벼랑을 타고 달아나면서 길을 열어 주어 다시 진군할 수 있었다는 이야기가 전해지고 있지요. 워낙 길이 좁은데다 겨울에는 얼어서 위험하고 여름에는 산 사면에서 쏟아지는 물로 길이 막힐 수도 있어서, 옛날 여행자들은 이 길을 가장 두려워했다고 합니다. 고려의 공병 부대가 건설한 이 길은 그동안 얼마나 많은 사람과 말, 수레들이 지나갔는지 바위가 반들반들해졌습니다. 그러나 오랜 시간 동안 무수한 삶의 흔적이 쌓여 있는 이 길도 좀 더 안전하고 널찍한 새로운 길이 생기면서 사람들의 발길이 점차 끊어지기 시작했고, 지금은 과거의 세월을 더듬어 보는 관광지가 되었습니다.

포장도로의 등장

우리나라에 처음 포장도로가 등장한 것은 일제 강점기부터입니다.

도로를 포장하는 것은 비로 인해 땅이 질펀해져 자동차나 마차가 다니기 불편해지는 것을 막기 위해서지요. 예전에는 도로에 자갈을 깔았다고 합니다. 이 자갈길은 새로 만들어진 길이라고 해서 '신작로新作路'라 불렸습니다.

일제는 우리나라를 남북으로 관통하는 근대적인 도로를 조성했는데 그것이 바로 국도 1호선입니다. 목포에서 서울을 거쳐 신의주까지 기존의 도로를 정비해서 조성한 도로인데, 지금은 남북 분단으로 인해 판문점까지만 연결되어 있습니다. 문제는 일제가 이 도로를 조성하면서 가장 먼저 자신들의 편의를 앞세웠다는 것입니다. 도로는 주요 지역을 편리하게 연결해 주어야 하는 것이 기본이지만, 일제는 직선으로 새 길을 내었습니다. 그리고 쌀 수송과 만주 침략을 위해 이 도로를 이용했습니다.

국도 2호선은 전남 신안에서 부산까지 남해안을 따라 조성되었습니다. 이후 많은 국도들이 생겨났고 가로로 나 있는 국도에는 짝수 번호가, 세로로 나 있는 국도에는 홀수 번호가 주어졌습니다. 그런데 왜 이름이 국도일까요? 그것은 물론 국가에서 건설하고 관리하는 도로이기 때문입니다.

국도보다 빠른 도로인 고속국도를 흔히 고속도로라고 부릅니다. 고속도로는 신호등이 없고 사람, 자전거, 오토바이 등은 다닐 수가 없어서 빠른 속도로 자동차들이 달릴 수 있는 도로입니다. 고속도로에도 역시 번호가 있는데 1번 고속도로는 모두가 다 아는 경부고속도로입니다. 1968년 2월 1일 기공하여 1970년 7월 7일 완공하였습니다.

고속도로는 건설에 많은 비용이 드는데, 1960년대 후반 우리나라는 고속도로를 건설할 돈도 기술도 없었습니다. 그래서 한일기본조약에서 얻은 차관과 베트남전쟁 파병의 대가로 미국에서 받은 자금이 이 도로를 건설하는 데 사용되었다고 합니다. 당시 정부 예산의 4분의 1이 이 도로 건설에 사용되었으며, 연 인원 약 900만 명과 165만 대의 장비가 투입되었습니다. 공사 도중에 많은 사람들이 목숨을 잃기도 했지요.

이런 온갖 우여곡절 끝에 완공된 경부고속도로는 우리나라를 크게 바꾸어 놓았습니다. 서울에서 부산까지의 물류 비용이 절감되었고 이동 시간이 단축되었습니다. 또한 서울–수원–구미–대구–포항–울산–부산을 연결하는 산업 벨트가 형성되었습니다. 경부고속도로 건설 이후 우리나라의 경제 규모는 급속도로 커졌습니다. 이를 두고 경부고속도로가 우리나라 근대화의 상징이라고 말하는 사람도 있긴 합니다만, 그로 인해 치러야 할 대가도 만만치는 않았습니다.

어쨌든 우리나라는 경부고속도로를 시작으로 지속적으로 고속도로망을 확충한 결과 2013년 현재 고속도로가 27개 노선으로 늘어났습니다. 앞으로도 격자형으로 전국을 연결하는 고속도로망을 확충할 계획이 있다고 합니다. 빨리 통일이 돼서 휴전선을 넘어 북한까지도 연결되었으면 좋겠네요.

지금 우리가 생각해야 할 것은…

그런데 우리에게 편리함을 주는 도로가 많이 만들어지는 것이 과연 좋기만 한 일일까요? 도로를 만들다 보면 산을 깎을 때도 있고 때로는 울창한 숲을 관통해서 터널을 뚫기도 합니다. 실제로 도로 건설로 인한 자연훼손은 심각한 환경문제가 되고 있습니다. 고속도로가 숲을 가로지르면서 숲 양쪽에 사는 동물들의 이동경로가 차단되어 생태계가 교란되는 일이 심심찮게 벌어지기도 하지요. 이런 문제를 해결하기 위해 도로 위에 야생동물들이 다닐 수 있는 생태로를 만들기도 하지만, 야생동물들은 그것을 잘 이용하지 않는다고 합니다. 밤에 뿜어대는 자동차의 전조등 때문에 지나기를 꺼리는 것이지요. 그런가 하면 야생동물들이 도로로 갑자기 뛰어들면서 로드킬 road kill을 당하는 사고가 빈번해져 운전자의 안전도 위협받고 있다

구룡령 생태터널 ▲

고 합니다.

실제로 무리하게 산허리를 잘라 도로를 만들면서 우리나라 산의 모양은 점점 흉해지고 있으며, 나무들이 잘려 나가면서 낙석과 산사태의 위험 또한 더욱 커지고 있습니다. 아무리 개발이 필요하다 해도 걱정스럽지 않을 수 없습니다. 사람들도 편하게 다니고 환경도 보호하는 합리적인 방안은 무엇일까요? 앞으로 우리가 해결해야 할 중요한 숙제일 것입니다.

우리나라의 위치는
좋은 편일까, 나쁜 편일까?

퀴즈 하나를 내볼까요? 우리나라 최초의 올림픽 마라톤 우승
자는 누구일까요? 아니요, 황영조 선수 이전에요. 네, 정답은 손기정
선수입니다.

손기정 선수는 1936년 베를린올림픽에서 세계 신기록을 세우며 금
메달을 차지했습니다. 손 선수가 태어난 것이 1912년이니까 24세의
나이에 얻은 영광이었지요. 손 선수의 우승은 우리 국민에게 기쁨과
동시에 슬픔을 안겨주었는데, 그것은 손 선수의 가슴에 일장기가 달
려 있었기 때문입니다. 당시 우리나라는 일본의 식민지였기 때문에
손 선수는 엄연히 우리나라 사람임에도 불구하고 태극기 대신 일장기
를 달고 뛸 수밖에 없었습니다. 당시 시상대에 올라서 자신의 유니폼
에 그려진 일장기를 월계수로 가린 채 고개를 푹 숙이고 있던 손 선수
의 모습은 우리 국민들을 아프게 하기에 충분했습니다.

손 선수는 일본식 이름 대신 한국어 이름으로 서명을 하고 서명 옆

▲ 베를린올림픽 마라톤 시상식 장면. 가운데가 손기정 선수다.
(사진 출처: http://ko.wikipedia.org/wiki/% ED%8C %8C%EC%9D%BC:Sohn_Nam_British.jpg#filehistory)

에 한반도를 그려 넣기도 했다고 합니다. 손 선수에게는 1위를 했다는 개인적인 기쁨보다 나라를 빼앗긴 울분이 더 컸기 때문이었겠지요. 그런데 손기정 선수를 길러 내고 그의 가슴 속에 애국심을 심어준 사람이 있었다고 합니다. 바로 마라톤 코치 김교신 선생님이었습니다.

손기정의 스승 김교신, 그리고 '조선지리소고'

김교신 선생님은 서울 양정고등보통학교(현재 양정고)에 지리 교사로 부임하여 손기정 선수의 담임을 맡았습니다. 당시 양정고보는 5년제로 지금의 중고등학교를 합한 교육과정을 수행하고 있었습니다. 그때는 입학생을 받으면 졸업까지 한 교사가 5년간 담임하도록 되어 있었습니다. 한 명의 교사가 학생들의 가치관이 형성되는 시기를 전담했던 것이지요. 김교신 선생님 역시 손기정 선수를 비롯한 많은 학생들에게 교사로서 큰 영향을 미쳤습니다.

김교신 선생님은 지리 교사일 뿐만 아니라 손기정의 마라톤 코치이기도 했으므로 그에 관한 일화도 적지 않습니다. 베를린올림픽이 열리기 전 해에 도쿄에서 열린 대표 선발대회에는 김교신 선생님도 손기정 선수와 함께 갔다고 합니다. 선생님은 차를 타고 손기정 선수의 앞에서 전 코스를 함께 했습니다. 마지막 코스에서 손 선수가 기력을 잃고 쓰러지려 했을 때 김교신 선생님이 "기정아, 힘을 내라. 조선을 생각해라!"라고 외쳐 힘을 북돋웠다는 것은 널리 알려진 일화입니다. 손기정 선수는 후에 이 순간을 떠올리며 "길에 늘어선 사람은 보지 않았고, 오직 스승의 눈물만 보고 뛰어 우승할 수 있었다"라고 회고하기도 했습니다.

그런데 김교신 선생님은 어떻게 손기정 선수의 가슴 속에 애국심을 심어 주었던 것일까요? 김교신 선생님은 열성적인 마라톤 코치였을 뿐만 아니라 훌륭한 지리 교사였습니다. 서울대학교 교수였던 류달영 교수는 김교신 선생님에 대해 다음과 같이 말했습니다.

"당시 지리 과목은 대부분 일본 지리에 대해 공부하는 것이었고, 우리나라 지리는 겨우 두서너 시간만 배우면 마치도록 되어 있었다. 그러나 우리는 거의 1년을 우리나라 지리만 배웠다. 고구려, 세종대왕, 이순신에 대해서도 배웠다. 식민지 교육 아래서 정작 자신과 자신의 나라에 대해 소경이었던 우리들은 비로소 스스로에 대해서 눈을 뜨게 되었다. 그리하여 더는 우리 국토가 넓지 못한 것을, 인구가 많지 않은 것을, 백두산이 높지 못하고 한강이 깊지 못한 것을 한탄하지 않게 되었다."

김교신 선생님은 지리 시간을 통해서 학생들에게 무엇을 가르치고 싶었던 것일까요? 선생님은 우리 청소년들이 지리와 역사를 통해 우리 민족과 국토에 대한 긍지와 애정을 가질 것을 소망했습니다. 그리고 그 연장선상에서 자신이 발간하던 〈성서조선〉이라는 잡지에 〈조선 지리소고〉라는 논문을 발표했습니다. 논문은 일본이 주장하던 '조선 반도 정체론'에 대한 반론이 주요 내용을 이루고 있습니다. 조선반도 정체론이란 '조선의 반도적 특성 때문에 조선 역사에는 발전과 진보가 없다. 대륙 세력과 해양 세력 사이에서 숙명적으로 잦은 침입을 당했고 그만큼 위축될 수밖에 없는 위치다'라는 관점에서 한반도를 보는 것이지요. 이는 일본 식민사관의 출발점이라고 할 수 있습니다. 그저 일본 제국주의의 한반도 지배를 합리화하기 위해 만들어진 이론일 뿐이지요.

예를 들어 1903년 일본의 지질학자 고토 분지로는 우리나라 지형을 조사한 후 한반도의 모양이 토끼 형상을 하고 있다고 했습니다. 이후 이 주장은 일제의 식민 정책에 의해 우리나라 사람들에게 널리 퍼져 나갔지요. 이에 맞서 최남선은 1908년 〈소년〉지 창간호에서 한반

▲ 1903년 일본 지질학자가 그린 한반도 형상(왼쪽)과 1908년 〈소년〉 지에 실린 한반도 형상(오른쪽)

도의 형상을 나약한 토끼에서 대륙을 향해 포효하는 호랑이로 바꿔 그려 이 주장에 대항했습니다.

우리 땅의 강점과 취약점을
제대로 알아야 하는 이유

〈조선지리소고〉라는 논문에서 김교신 선생님은 일본의 조선반도 정체론에 대응하기 위해 우리나라의 영역과 지형, 반도적 위치에 대해 많은 부분을 서술하고 있습니다. 논문의 일부 내용을 같이 볼까요?

> 지역이 광활한 것이 협착한 것보다 나은 듯하나 반드시 그렇게만 생각할 것은 아니다. 덴마크, 스웨덴, 네덜란드, 벨기에 등의 본국은 대략 조선 반도의 5분의 1에 불과하면서도 타인에게 신세스럽지 않은 살림을 하고 있을 뿐 아니라 전 세계 열강의 선망을 받고 있다.

이것은 논문의 초입부 '면적' 대목에 서술된 내용입니다. 선생님은 유럽의 국가들을 우리나라와 비교하며 우리나라 땅이 중국이나 러시아에 비해 작고 보잘것없다는 생각을 뒤집고 있습니다. 실제로 2012년 1인당 GDP(국민 총생산) 순위를 기준으로 보면 스웨덴이 세계 7위, 덴마크가 8위고, 네덜란드와 벨기에가 모두 10위권대에 속해 '작지만 강한 나라'의 면모를 보여 주고 있습니다.

특히 네덜란드는 작은 면적의 국가임에도 불구하고 바다에 접한 위치를 최대한 활용하여 물류 산업을 발전시켜, 명실공히 경제 강국으로 자리매김했습니다. 국제통화기금IMF의 발표에 의하면 2012년 1인당 GDP가 세계 제1위 국가인 룩셈부르크도 제주도 면적의 1.4배에 불과하다고 합니다. 영토가 작다고 풍요롭지 못한 것은 아니라는 증거를 보여 준다고 할까요? 김교신 선생님도 이 점을 언급하며 일제 강점기 때 '한반도는 좁고 보잘것없는 땅이라 스스로의 힘으로는 발전할 수 없다' 라는 식민 사관에 당당히 맞선 것입니다.

우리의 산악에는 산맥이 있어도 히말라야 산맥처럼 웅대한 것이 없고, 화산이 있어도 후지산처럼 높은 것이 없음을 애달프다 하는 이가 있다. (그러나) 세계적으로 철학의 요람이요, 예술 과학의 본토인 그리스 반도가 호머, 소크라테스, 플라톤, 아리스토텔레스, 알렉산더 대왕 등을 배출함에는 2천 500미터 이상의 거악을 필요로 하지 않았다. 하물며 산세와 평야의 배열 균형의 미를 논할진대 거장 레오나르도 다빈치의 성화聖畵에 비할까?

어떻습니까? 이 부분은 우리나라 사람들이 일제의 식민지 상황을 체념하며 '우리나라는 산이 낮아서 큰 인물이 못 나온다' 라고 자포자기하던 사람들에게 통쾌한 반론을 펼치고 있습니다. 김교신 선생님은 우리나라의 산이 높지 않지만 산지와 평야의 조화와 미적 균형이 아름답다고 했습니다. 그리고 이를 학생들이 직접 체험할 수 있도록

우리나라는 유라시아 대륙과 연결되며 태평양으로 진출하기에도 적절하다. ▲

'무레사네(물에 산에)' 라는 동아리를 만들어 서울 근교의 고적과 명소
를 답사하면서 청년들에게 우리 국토와 자연의 아름다움을 스스로 발
견하게 했습니다.

논문은 이 외에도 우리나라의 해안선과 기후에 대해서 좀 더 언급
한 후 마지막으로 위치에 대해 많은 지면을 할애했습니다. 선생님은
지리에서 가장 중요한 요소를 '위치' 로 들어 "조선은 극동의 중심이
요, 심장이다"라고 선언하지요. 그리고 이 주장을 뒷받침하기 위해
우리와 같은 반도 국가인 그리스, 이탈리아, 덴마크의 지형과 정치,
역사를 비교하여 설명하고 있습니다.

여러분들은 어떻게 생각하나요? 우리나라의 위치는 좋은 편일까
요, 나쁜 편일까요? 세계지도 속의 우리나라는 유라시아 대륙의 변방
에 위치한 주변 국가로 보일 수도 있습니다. 그러나 해상·육상 교통

수단이 발달하고 국가 간 인적, 물적 교류가 활발해진 현대에 이르러서는 우리나라의 지리적 위상이 많이 달라졌습니다.

우리나라는 육상 · 해상 · 항공을 통해 유라시아 대륙과 연결되며 남쪽으로는 태평양으로 진출하기에 적절한 위치입니다. 만약 남북한의 교통망이 연결된다면 우리나라는 아시안 하이웨이와 중국 횡단 철도, 시베리아 횡단 철도, 몽골 횡단 철도의 기점이 될 수 있습니다. 대륙 철도가 연결되면 우리나라와 유럽을 오가는 데 드는 물류비용이 줄어들 수 있으며, 러시아와 중국은 물론 유럽 국가들이 우리나라를 경유하여 태평양 연안의 다른 나라와 연계 수송을 하는 것 또한 가능해집니다. 김교신 선생님은 마치 이러한 날이 올 것을 예견이라도 한 듯 논문의 결론 부분에 이르러서는 다음과 같이 서술하고 있습니다.

조선의 과거 역사와 중 · 일 · 러 3대 세력에 치여 좌충우돌하는 현상을 두고 누구라도 그 위치의 불리함을 통탄하여 마지않는다. (그러나) 조선 역사에 편안한 날이 없다고 함은 무엇보다도 이 반도가 동아시아 정국의 중심이라는 것을 여실히 증거하고 있다. 물러나 은둔하기는 불안한 곳이지만, 나아가 활약하기는 이만한 데가 없다. (그러므로) 다만 문제는 거기 사는 백성의 소질, 담력 여하가 중요한 소인인가 한다.

이처럼 김교신 선생님은 그 당시 일본이 주장하는 것처럼 '우리나라의 영역과 위치가 불리하여 숙명적으로 식민지를 겪게 되는 것'이 아님을 논문에서 일관되게 주장하고 있습니다. 나아가 한반도라는 위치를 효율적인 것으로 만들려면 우리 국민들이 우리나라 위치에 대한 자각을 하고 능동적인 자세를 갖추어야 한다는 주장도 잊지 않습니다.

10대 때 3.1운동에 참여했던 김교신 선생님은 창씨개명을 거부하며 학교를 떠난 후 〈성서조선〉에 실은 글이 문제가 되어 1년의 옥살이를 했습니다. 출옥 후에는 조선 노동자들이 강제 노동을 하던 흥남 비료 공장에서 발진티푸스에 걸린 노동자들을 보살피다가 감염되어 1945년 4월에 목숨을 잃었습니다.

지금은 식민지 시절도 아니고 우리에게 반도 정체론을 주입하는 세력도 없습니다. 우리 국토에 대해 제대로 알고 우리 땅을 사랑하는 것이 독립을 이루려는 열망의 초석이 되던 시대와 지금은 사정이 많이 다르지요.

그럼에도 불구하고 오늘날 우리가 김교신 선생님의 〈조선지리소고〉를 다시 읽고 국토의 특징에 대해 제대로 알아야 하는 이유는 이 땅이 다름 아닌 우리의 삶터이기 때문입니다. 사람은 누구나 땅을 기반으로 자신의 삶터를 꾸리고, 그 삶터와의 조화를 지향하며 풍요로운 삶을 추구합니다. 그러므로 우리가 살고 있는 우리 땅의 강점과 취약점을 제대로 알고 그것을 잘 보완하고 활용할 수 있다면 우리의 삶은 더욱 풍부하고 행복해지지 않을까요?

'창지개명' 당한 땅을 찾아라

우리나라 국보 제1호는 무엇일까요? 남대문이라 말하는 분도 있겠지만 국보 제1호의 정식 명칭은 '남대문'이 아니라 '숭례문'입니다. 보물 제1호도 '동대문'이 아닌 '흥인지문'으로 부르는 것이 맞습니다. 아름다운 뜻을 가진 흥인지문(인을 흥하게 하는 문), 돈의문(의를 두텁게 하는 문), 숭례문(예를 숭상하는 문), 숙정문(엄숙하고 고요한 문)은 일제 강점기에 단순히 방향을 지칭하는 동대문, 서대문, 남대문, 북대문으로 불리게 되었습니다. 일제가 우리 민족의 정기를 훼손하고 우리의 유산을 폄하하기 위해 이름을 바꾼 것이지요.

일제 강점기, 일제는 내선일체를 내세우며 한국인의 성을 강제로 일본식으로 고치도록 하는 창씨개명創氏改名을 단행하였습니다. 이른바 조선인의 '황국신민화'를 꾀하기 위한 것으로, 우리 민족 고유의 성명제를 폐지하고 일본식 씨명제氏名制를 따르도록 제도화한 것이었지요. 바뀐 것은 인명뿐이 아니었습니다. 일제는 우리나라의 여러 지명들도 우리 민족의 정체성을 깎아내리기 위해, 그리고 행정편의를 위해 멋대로 바꾸어 버렸습니다. 창씨개명과 더불어 창지개명創地改名도 이뤄졌다고 할 수 있지요.

광복이 된 지 반세기가 넘은 지금, 일제 강점기에 창씨개명한 이름을 쓰는 사람은 남아 있지 않지만 우리 국토에는 일제에 의해 강제로 바뀐 지명의 흔적이 아직도 여기저기 남아 있습니다.

일제가 마음대로 바꾼 이름

먼저 일제는 우리 민족이 일왕의 신하라는 것을 강조하기 위해 일부 지명을 한자 동음이의어나 비슷한 말로 바꾸었습니다. 대표적인 것이 원래 왕王이었던 것을 '왕旺'이나 '황皇'으로 변경한 것입니다. 그들은 속리산 천왕봉天王峰을 천황봉天皇峰으로, 가리왕산加理王山을 가리왕산加理旺山으로, 설악산 토왕성土王城 폭포를 토왕성土旺城 폭포 등으로 왜곡하였습니다. 경북 문경 왕릉리旺陵里, 강원도 양양군 왕승동旺勝洞, 강원도 강릉시 왕산면旺山面, 충남 논산시 왕전리旺田里도 같은 경우입니다. 원래 왕은 임금 또는 군주, 여럿 중의 으뜸을 의미합

▲ 속리산의 천왕봉 표석. 일제에 의해 천황봉으로 개명되었던 천왕봉은 2007년 국토지리원에 의해 예전의 이름을 되찾았다.

니다. 그러나 일제가 강제로 바꾼 황은 일본의 천황을 일컬으며, '왕旺'은 '일日'에 '왕王'을 더한 것으로 일본 왕을 상징하는 것입니다. 의왕면의 경우 1936년 일제에 의해 아예 일왕면日旺面이라 불리기도 하였습니다.

이 밖에도 일제는 1914년 행정구역 개편에서 행정편의를 위해 지명을 쓰기 쉬운 한자로 마음대로 바꾸기도 했습니다. 거북 '구龜'를 아홉 '구九'로, 닭 '계鷄'를 시내 '계溪'로, 풍성할 '풍豐'을 바람 '풍風'으로 바꾼 것이 대표적인 예입니다. 이로 인해 마을에 유래하는 전설이나 마을 특유의 지형지물地形地物을 따서 지은 지명들은 본래의 뜻을 잃은 채 엉뚱한 의미를 지니게 되었습니다.

예컨대 거북이 모양 바위가 있어 마을 이름에 거북이 '구龜'가 들어간 강원도 양구군 구암리龜岩里와 경남 함양군 구평龜坪 마을은 일제시대에 각각 구암리九岩里와 구평九坪 마을로 명칭이 바뀌고 말았습니다. 전북 장수군 구락鳩洛 마을은 '효심이 지극했던 군수에게 어머니 약으로 쓸 비둘기가 스스로 날아들었다'라는 전설이 전해 내려오는 곳이었지만, 지명에 포함되어 있던 비둘기 '구鳩'가 아홉 '구九'로 바뀌고 말았습니다. 또 고려 말 장군이었던 이성계가 잠이 들었다가 닭 울음소리에 깨어나 왜적을 무찌른 곳이었던 전북 장수군 장수읍 송천리 '용계龍鷄' 마을은, 일제 강점기에 그 유래도 알 수 없는 '용계龍溪' 마을로 바뀌어 버렸지요.

그런가 하면 우리의 전통 지명 중에는 '골', '말' 등 마을을 뜻하는 우리 고유의 말이 들어 있는 경우가 많아서 그 이름만으로도 그 지역의 특징을 잘 알 수 있었습니다. 그러나 일제가 갖가지 핑계를 대며 어색한 한자식 명칭으로 지명을 바꾸는 바람에 본래의 뜻과는 전혀 다른 뜻의 지명을 갖게 된 경우도 있습니다.

가령 솔나무가 많다 해서 '솔안말'로 불렸던 마을은 '송내松內'로, 깎아지른 듯 우뚝 서 있는 바위가 있어 '선바위'로 불렸던 마을은 '입암리立岩里'로 바뀌었습니다. 또 정상의 바위가 말이 입을 벌린 모습과 비슷하다고 해서 '말아가리산'이라 불렸던 산은 '마아산馬牙山', 새로운 마을을 뜻하는 '새말'은 '신리新里'로 불렸습니다. 그밖에 인천 '늘목마을'은 '을왕리乙旺里'로, 수원 '배나무골'은 '이목동梨木洞'으로, '밤밭골'은 '율전동栗田洞'으로, 군포의 '산밑'은 '산본山本'으로 바뀌게 되었습니다.

서울 시내 주요 동洞도 일제 때 강제로 한자식 이름을 갖게 된 사례가 많습니다. 종로구 관수동의 경우 '넓은 다리板橋'라는 의미의 '너더리'에서 청계천의 흐름을 살피는 곳이란 뜻의 '관수동觀水洞'으로 바뀌었습니다. '잣골'로 불리던 동숭동東崇洞도 일제가 행정상의 편의를 위해 숭교방(조선시대 행정구역)의 동쪽이란 뜻으로 개명한 것이지요. 또한 일본에 있는 지명과 명칭이 똑같다는 이유로 이름을 바꾼 사례도 있는데, 경상북도 경산시 용성면에 있는 '쟁광리爭光里'가 대표적인 사례입니다. 쟁광리의 본래 이름은 '일광리日光里'였지만, 경치 좋고 아름다운 일본의 '일광'과 똑같다며 일제가 강제로 지명을 바꿔 버렸습니다.

1995년에 광복 50주년을 맞아 인왕산仁旺山은 인왕산仁王山으로 제

이름을 되찾았고, 경기도 의왕시儀旺市도 2007년에 의왕시義王市로 한자표기가 변경되었습니다. 반갑고 다행스러운 일입니다.

지명은 단순히 토지나 장소를 부르는 이름이 아니며, 하루아침에 뚝딱 생겨난 것이 아닙니다. 오랜 세월 동안 자연스레 형성되어 지역의 지형적 특징, 역사와 자연 환경, 전통 등을 우리에게 알려 주는 귀중한 무형문화재이며, 조상들의 영혼과 지혜를 담고 있는 훌륭한 유산이기도 합니다. 그것은 또한 사라진 우리말의 아름다움과 변천의 역사가 살아 숨 쉬고 있어 일종의 국어사전 역할도 합니다. 창씨개명으로 이름이 바뀌었던 사람이 자신의 이름을 되찾았듯이 앞으로 '창지개명'을 당한 땅들이 하루빨리 제 이름을 찾는 날이 오길 바랍니다.

역사와 지리라는 창으로
공간을 봐야 하는 이유

전라북도 군산시에 가면 밀물 때 수면에 떠오르고 썰물 때
수면만큼 내려가는 부두 시설을 볼 수 있습니다. 수위에 따라 높이가

서해에 위치한 곰소항의 계단이 있는 부두 ▲   동해에 위치한 울산 방어진의 부두 ▲

▲ 군산 내항의 검조소 모습(위: 썰물 때, 아래: 밀물 때)

자동으로 조절되는 부두이지요. 이러한 부두를 '뜬다리 부두' 라고 합니다. 또한 서해안 대부분의 항구에서는 계단이 있는 부두를 볼 수 있는데요. 서해안에는 왜 이러한 항구 시설들이 발달하였을까요?

동해안은 밀물과 썰물 때의 수위의 차, 즉 조차가 작기 때문에 이러한 항구 시설이 필요 없는 반면, 서해안은 조차가 크기 때문에 특수한 항구 시설이 필요합니다. 즉, 조차가 큰 서해안의 항구에서는 썰물 때 배를 육지에 대기 어렵기 때문에 이러한 시설이 발달하게 된 것입니다.

조차가 큰 서해안의 항구에서는 배가 들고 나갈 수 있는 시간과 그것의 변화를 아는 일이 매우 중요합니다. 그래서 군산에서도 조차를 측정하는 시설을 볼 수 있는 것이지요. 이러한 시설을 검조소라고 합니다. 군산에 있는 뜬다리 부두와 검조소에 대해서는 좀 더 이야기를 나눌 필요가 있습니다. 왜일까요? 지금부터 군산으로 함께 떠나 봅시다.

군산 내항에 있는 뜬다리 부두 ▲

아픈 과거의 역사

뜬다리 부두가 있는 군산시는 1899년 개항장(외국인의 내왕과 무역을 위해 개방한 제한 지역)이 되면서 발달하기 시작했습니다. 뜬다리 부두는 일제가 우리나라의 곡창 지대인 호남 지방의 쌀을 반출하기 위해서 건설한 것입니다. 지금도 군산의 '근대 문화 역사의 거리'에 가면 과거 일제 강점기의 잔재인 일본식 가옥(적산가옥敵産家屋)과 일본식 사찰인 동국사, 군산세관, 구 조선은행 군산지점 등을 볼 수 있습니다. 군산의 옛 이름은 '군창'으로 '쌀 창고'라는 뜻이었다고 하는데요. 쌀이 얼마나 많았는지 짐작해 볼 수 있는 대목입니다.

당시 군산은 일제의 한반도 진출을 위한 거점이었습니다. 1912년 경부선의 대전역과 이어지는 철도가 개통되고, 1914년 호남선 철도의 나머지 구간이 완공되면서 전북과 충남 지방의 관문 구실을 하게

▲ 1899년 유럽식 건축양식으로 지어진 구 군산세관   ▲ 국내 유일의 일본식 사찰인 동국사

되었지요. 이에 따라 1920년에는 군산의 인구가 전국 11위 정도의 규모였다고 합니다. 당시 서울, 평양, 대구를 제외하면 지금의 시에 해당하는 12개의 부府가 모두 신흥 항만 도시였습니다. 이 역시 일본이 얼마나 우리의 산물을 수탈했는지 짐작하게 합니다.

뜬다리 부두와 함께 일제가 수탈을 위해 건설한 것으로는 '전군도로(신작로)'가 있습니다. 식민 지배를 효율적으로 수행하기 위해 건설한 이 도로는 전주에서 익산을 거쳐 군산으로 이어지며 그 길이가 40킬로미터에 이릅니다. 이 도로는 전라북도 내에서 가장 교통량이 많은 도로 중 하나입니다.

군산은 일제 강점기를 통해서 지속적으로 성장하여 인구도 크게 증가했습니다. 하지만 해방 후에는 일본인이 철수하고 대중국 무역이 단절되면서 항만 도시의 기능이 크게 위축되었습니다. 배후 지역의 경제적 취약성, 부산항과 인천항의 급성장도 한몫했겠지요. 이후 군산은 미 공군의 군산 비행장이 들어서 군사 도시의 모습을 갖추게 되었습니다.

과거와 미래가 함께하는 공간

　최근 군산에서는 일제 강점기 수탈의 역사적 현장이었던 월명동 일대를 보수, 복원하여 기억의 공간으로 재조명하기 위한 '근대 문화 도시 조성 사업'이 추진되고 있다고 합니다. 근대 역사박물관을 개관하고 근대 건축물인 조선은행 군산지점, 일본 제18은행, 미즈상사, 대한통운창고 등의 원형 복원을 통해 근대 문화 테마 거리를 조성하고 있는 것이지요. 경제 발전을 위한 새만금 간척 사업이나 대중국 교역의 거점 항만으로만 기억되는 공간이 아닌, 우리의 역사를 고스란히 간직하고 있는 '과거와 미래가 함께하는 공간'으로서의 군산을 만들어 가고 있는 것입니다.

　한 사람을 이해하기 위해서는 그 사람의 성장 과정을 보아야 한다

▶ 근대 역사박물관
(근대 군산 거리를
복원한 모습)

고 합니다. 친구들의 어렸을 적 일기나 사진 등을 보면, '아 이 친구가 이런 모습도 있었구나!' 하고 놀랄 때가 있습니다. 그런 과정을 통해 그 친구에 대해 더 자세히 알게 되고, 그 친구와 더 친밀해지기도 하지요. 지역도 마찬가지입니다. 우리가 현재를 살아가는 공간은 과거의 삶이 누적된 곳입니다. 과거의 모습들이 이어져 현재를 구성하고 있으며, 현재의 모습은 미래를 결정하게 됩니다. 우리가 역사와 지리라는 창을 통해 공간을 보아야 하는 이유가 여기에 있습니다.

대중국 교역의 거점 항만으로 변해 가는 군산, 그 속에 남아 있는 아픈 과거의 역사의 흔적을 무조건 지울 필요는 없습니다. 중요한 것은 그것을 기억하고 후대에 전달해, 더 이상 아픈 역사가 이 땅에서 반복되지 않도록 하는 것이 아닐까요?

《태백산맥》으로 읽는 아픈 역사의 공간

　《태백산맥》은 전 10권으로 이루어진 조정래 작가의 대하소설입니다. 방대한 분량의 이 소설은 전라남도 보성군 벌교읍을 배경으로 여순반란사건의 진상과 6·25 전쟁, 한반도 내 좌우익의 갈등 등 한국 근현대사의 굴곡을 사실적으로 다루고 있습니다. 하지만 《태백산맥》은 이데올로기적인 문제만을 다루고 있지는 않습니다. 작가는 여순반란사건의 진상을 '소작쟁의'로 파악하여 작품 내에서 양반과 소작농들 사이의 갈등을 중요하게 그렸습니다.

　한반도에 이념 대립이 가장 첨예했던 시기를 민중들의 삶 속에서 묘사한 《태백산맥》은 한때 불온서적으로 매도되기도 했습니다. 또 작가는 국가보안법 위반으로 고발되기도 했지요. 하지만 벌교에서 살아가는 민초들의 삶을 다룬 이 작품은 결국 많은 이들로부터 공감을 얻게 되었습니다. 임권택 감독의 영화로 만들어지는가 하면 일어와 불어로 번역 출판되기도 했으니까요.

▲ 태백산맥 문학관

《태백산맥》에 등장하는 제석산의 끝자락에는 태백산맥 문학관이 세워져 있습니다. 건물 앞에 서면 '문학은 인간의 인간다운 삶을 위하여 인간에게 기여해야 한다' 라는 글귀가 눈에 들어옵니다. 언젠가 학생들과 함께 이곳을 답사했을 때, '문학'이라는 단어를 자신의 꿈에 해당하는 말로 바꾸어 본 적이 있습니다. '교사는, 요리사는, 기업가는, 정치인은……'과 같은 식으로 말이지요. 그렇게 바꾸어 보니 모두가 인간의 인간다운 삶을 위하여 인간에게 기여할 때 의미가 있다는 진리를 깨달을 수 있었습니다.

그리고 그러한 삶을 사는 방법을 바로 문학관 안에 있는 《태백산맥》의 원고지를 통해 알 수 있었습니다. 이를 통해 우리는 '최선最善을 다하다'라는 의미 역시 다시 새길 수 있었습니다. 선善을 다하는 일, 자신과 남을 속이지 않고 무엇보다도 자신이 스스로를 인정할 수 있을 때까지 노력해 나가는 것, 그런 것이 원고지의 무게만큼 무겁게 가슴에 와 닿았습니다. '작가는 주장하거나 해결하는 사람이 아니라 있는 그대로를 보여 주는 사람이다'라는 조정래 선생님의 말씀은 작가의 삶에 대해 생각하게도 합니다.

그래서인지 벌교는 단지 《태백산맥》의 배경일 뿐만 아니라 인생의 참된 의미를 생각하게 해 주는 장소로 다가오는 것 같습니다. 자, 지금부터는 벌교로 가 볼까요? 벌교는 과거에 어떠한 일이 일어난 곳이고, 또 현재 어떻게 변해 가고 있을까요?

▲ 문학관에 전시되어 있는 《태백산맥》의 원고지

좌우대립의 역사를 품은 벌교

　벌교는 일제 강점기 때 일본인들에 의해 개발되었습니다. 그 이전까지 벌교는 낙안 고을의 끝자락에 위치한 가난한 마을에 불과했습니다. 그런데 일제가 전라남도 내륙 지방을 수탈하기 위한 목적으로 벌교를 집중적으로 개발하기 시작하면서, 외지인들이 이곳으로 많이 모이게 되었습니다. '벌교에서 주먹 자랑하지 말라' 라는 말이 있듯이 제법 짱짱한 주먹패도 생겨나게 되었지요. 1930년대에 여수와 광주를 연결하는 철도가 만들어지면서, 이곳은 더욱 발달하게 되었습니다. 지금도 그 당시의 흔적이 남아 있는데, 금융조합과 보성여관 건물, 철다리 등이 그렇습니다.

　일제 강점기와 해방 직후, 좌우 대립의 역사를 보여 주는 대표적인 장소는 소화다리와 홍교입니다. 소화다리는 1979년 새 부용교가 만들어지기 전까지 광주와 순천을 연결했습니다. 소설 《태백산맥》에는 소화다리가 다음과 같이 묘사되고 있습니다.

▲ 소화다리의 모습

소화다리에 첫발을 디디면서는 고개를 더욱 숙였다. 중간쯤에 이르렀을까. 김범우는 섬뜩한 느낌과 함께 걸음을 멈추었다. 흙을 뿌리긴 했지만 거무칙칙한 색깔을 띠고 있는 얼룩이 피가 말라붙은 흔적임을 직감할 수 있었다. (중략) '소화 다리 아래 갯물에고 갯바닥에고 시체가 질펀허니 널렸는디, 아이고메 인자 징혀서 더 못 보겠구만이라.'

소화다리는 1931년에 건립된 철근 콘크리트 다리로 아픈 우리 현대사를 고스란히 간직하고 있습니다. 일제 강점기였던 그때가 소화 6년(일제의 연호)이었기 때문에 소화다리로 불리게 된 것 같습니다. 이 다리는 여순반란사건의 회오리와 6·25 전쟁의 대격랑이 남긴 우리 민족의 비극과 상처를 고스란히 품고 있습니다. 처음 소화다리가 만들어질 때는 쇠 난간이 있었는데, 일제가 전쟁으로 쇠를 공출하면서 복구되지 못했다고 합니다. 그래서 난간 없는 다리에 처형할 사람들을 줄줄이 세워 놓고 총을 쏘면, 주검은 쓸쓸히 벌교의 하천으로 떨어졌다고 합니다.

슬프고도 끔찍한 역사는 계속되었습니다. 일제 강점기와 해방 이후에는 지주들, 친일파, 반공주의자들이 잘못된 사회 구조를 비판했던 이들을 소화다리에 세웠으니까요. 또 공산주의자들도 그들에게 총칼을 겨누었던 자들을 소화다리에 세웠지요. 한 많은 소화다리의 역사를 돌아보면 사람보다 소중한 이념은 도대체 무엇인지, 사상은 무슨 이유로 만들어지는 것인지 궁금해질 따름입니다.

조선시대에 만들어진 돌다리인 홍교 역시 역사의 장소입니다. 홍교 자리에는 원래 뗏목다리가 있었는데, 벌교筏橋라는 지명도 여기에서 유래되었다고 합니다.

지금은 벌교천을 건널 수 있는 다리가 여러 개이지만, 옛날에는 이곳 하나였습니다. 소설 《태백산맥》에서는 지주들에게 빼앗은 쌀을 좌익들이 소작인에게 나누어주던 곳이었으며, 소화다리와 마찬가지로 많은 이들이 죽임을 당한 곳이기도 합니다.

총성이 울리기 시작한 직후 김범우는 예기치 않은 사람의 방문을 받게 되었다. 그의 앞에 나타난 것은 하대치였다. "가난헌 사람덜헌테 한 주먹썩이라도 골고로 노놔줘서 설얼 쇠게 허자 고런 뜻이요, 따른 지주덜헌테야 강제로 쌀얼 뺏어내는 것이제만, 대장님 말씸이, 김 선상님헌테는 예 갖춰 우리 뜻을 전허면 선선히 쌀얼 내주실 것이다. 그러시

▲ 보수 공사한 다리와 기존의 다리가 어색하게 연결되어 있는 홍교

등마요. (중략) 다리 위에는 쌀가마니들만 쌓여 있는 것이 아니었다. 거기에는 글씨가 쓰인 한지 한 장이 나붙어 있었다. "벌교 인민 여러분! 이 쌀을 고루 나눠 설을 쇠십시오."

홍교는 반원형의 아치가 다리를 받치고 있는 모양을 하고 있습니다. 그 아래로는 물 때에 따라 바닷물이 드나들지요. 보수 공사를 거쳐 옛날 다리와 현재 다리가 어우러져 있는데, 과거와 현재의 공간이 함께하는 현재 벌교의 모습을 상징적으로 보여 주는 듯합니다.

벌교는 1960년대 이후 본격적인 산업화가 추진될 때, 산업화의 흐름 속에서 벗어나 정체된 시기를 겪었습니다. 그러다가 최근에는 '벌교 꼬막'과 '보성 차밭' 등이 유명해지면서 많은 사람들이 이곳을 찾고 있습니다. 5일마다 장이 섰던 벌교 시장은 이제 관광객들로 넘쳐납니다. 시골 읍내 거리에서 주차 요금을 걷는 풍경, 관광버스와 자동차들로 교통 혼잡이 일어나는 모습 등을 보면 마치 서울 어느 시장에 와 있는 것 같은 느낌이 들 정도입니다.

역사를 이해하는 문학 공간

사람들로 북적대는 벌교의 모습은 나쁘지 않았습니다. 다만 태백산맥의 공간인 벌교 사람들이 함께 즐기고 특색 있는 문화를 체험하는 공간으로 좀 더 새롭게 태어날 수 있지 않을까 하는 생각도 들더군요.

영국의 경우 정부가 2010년 런던 북부 애비로드에 위치한 횡단보도를 2급 국가문화유산으로 지정하였습니다. 이곳은 1969년 세계적인 명성을 가진 밴드 비틀스가 마지막으로 녹음한 앨범인 〈애비 로드 Abbey Road〉에 멤버 네 명이 횡단보도를 건너는 사진을 사용하면서 일약 영국 팝 문화의 상징이 되었습니다. 빼어난 자연환경이나 유명한 궁궐과 성곽이 있는 곳은 아니지만 비틀스의 사진 덕에 매력적인 관광지가 되었다고 합니다. 또 소설 《빨강머리 앤》의 배경이 되었던 캐나다의 프린스 에드워드 섬 또한 연간 수백만 명 이상의 관광객이 찾는 문화 관광 명소가 되었습니다.

벌교도 수많은 관광객들이 단순히 독특한 음식을 소비하는 공간에 그치지 않고, 역사를 이해하는 문학 공간으로서의 특징을 지닌 곳으로 기억되기를 기원해 봅니다. 나아가 미래의 국토를 생각할 수 있게 하는 장소, 우리가 국토를 소중히 여겨야 하는 이유를 말해 주는 장소가 되길 바랍니다.

2부

우리 땅과
경제

경제와 지리를
폭넓게 아우르다

우리 땅은 우리가 일상생활을 영위하며 다양한 형태의 생산과 소비를 행하는 터

전이다. 그런데 우리 땅 내에서도 어느 지역에서 사느냐에 따라 생활 양상은 크

게 달라지게 마련이다. 도시에서 편리함을 즐기며 서비스 산업에 종사할 수 있

는가 하면, 촌락에서 쾌적함을 누리며 1차 산업에 종사할 수도 있다. 과연 우리

땅은 지역별로 어떤 특징을 나타내며 사람들은 그에 의해 어떤 영향을 받고 살

아갈까? 우리 땅에서 살아간다는 것은 어떤 의미일까?

생활과 문화가 담겨 있는
우리 한옥

우리는 일생의 많은 시간을 집에서 보냅니다. 집은 단순히 거
주하는 곳 이상의 의미를 지니는 공간이지요. 집, 즉 가옥은 그 지역의
특성을 보여 주는 대표적인 건축물입니다. 가옥을 보면 그 지역의 사람
들이 그곳의 자연환경과 어떤 방식으로 영향을 주고받으며 살아가고
있는지, 그리고 어떤 역사적 전통과 문화적 특성을 가졌는지를 짐작할
수 있습니다. 가옥 구조에 가장 많은 영향을 주는 요소는 기후입니다.
우리나라는 국토 면적이 좁지만 남북으로 길어서 다양한 기후가 나타
나지요. 그래서 지역에 따라 가옥 구조의 특징도 다르게 나타난답니다.

추위와 더위에 대비하는 지혜

우선 가장 추운 지방인 관북 지방의 가옥부터 살펴볼까요? 관북 지

방은 행정구역상 함경남도와 함경북도 일대입니다. 우리나라의 지붕이라고 할 수 있는 개마고원이 관북 지방에 있지요. 1년 중 가장 추운 달인 1월에는 거의 매일 기온이 영하 10도(℃) 이하로 내려갈 정도로 겨울이 매우 춥고 긴 것이 이곳의 특징입니다. 그래서 집을 지을 때 추위에 대비하여 열 손실을 막고 난방의 효과를 극대화할 필요가 있었죠. 그런 특성을 잘 보여 주는 것이 방의 배열입니다. 보통 우리나라의 전통가옥은 방이나 마루 등의 공간들이 한 줄로 배열되어 있는데 반해 이 지역의 가옥은 두 줄로 배열되어 있습니다. 이런 구조의 집을 '겹집'이라고 하지요. 공간이 이렇게 배열되면 외부와 접촉하는 면이 적어져서 열 손실을 줄일 수가 있습니다.

또한 관북 지방의 가옥에는 부엌과 방 사이에 정주간이라는 독특한 공간이 있는데, 이 역시 다른 지방의 가옥에서는 보기 힘든 특징입니다. 정주간은 부뚜막을 넓게 만든 것으로 아궁이의 열기가 가장 먼저 지나가기 때문에 집에서 가장 따뜻한 공간입니다. 따

관북 지방의 정주간 ▲

뜻한 정주간은 식구들이 모여서 식사하고 손님 맞이를 하는 등 오늘날의 거실과 같은 역할을 하는 곳이었습니다. 이와 같은 관북형 가옥은 관북 지방 외에도 태백산지와 같은 산간 지방에서도 볼 수가 있었습니다.

관서 지방(평안남도, 평안북도, 황해도 북부)과 중부 지방의 가옥은 그 형태가 'ㄱ', 'ㄷ', 'ㅁ' 자 등으로 다양합니다. 특히 'ㅁ' 자에 가까운 형태일수록 외부의 바람이 집 안으로 들어오는 것을 막는 데 도움이 되겠지요. 외부의 바람을 막을 수 있도록 담을 극단적으로 높게 만든 가옥들도 볼 수가 있습니다. 북서풍의 영향을 가장 직접적으로 받는 서해안의 강화도에 있는 또아리집이 이런 특징을 잘 보여 줍니다. 마치 뱀이 똬리를 틀고 있는 것처럼 사방이 높은 벽으로 막혀 있어서 밖에서는 집 안이 전혀 보이지 않지요.

▲ 중부 지방의 전통가옥

한편 중부 지방부터는 더운 날씨와 관련된 특징이 가옥에서 나타나기 시작합니다. 여름의 더위에 대비한 대청마루가 그 예입니다. 대청은 앞뒤가 트여 있어서 통풍이 매우 잘되는 공간입니다. 보통 대청마루의 뒤꼍에는 나무가 심어져 있어 늘 그늘이 지지요. 반면 앞마당은 햇살을 그대로 다 받습니다. 그 결과 뒤뜰과 마당 사이에는 온도차가 생기고, 그 온도차로 기압차도 발생하여 뒤뜰에서 앞마당 쪽으로 공기가 이동하게 됩니다. 바람이 없는 날에도 대청에 앉아 있으면 시원한 바람을 느낄 수가 있는 것은 바로 이런 구조 때문입니다.

조상들의 지혜는 전통가옥의 처마에서도 엿볼 수가 있습니다. 비를 피할 수 있도록 지붕을 연장한 부분을 처마라고 하는데요. 처마의 끝은 살짝 들려 있어서 곡선미를 지닙니다. 그런데 처마 끝은 곡선미를 위해서만 들려 있는 것이 아닙니다. 아침에 해가 떠서 고도가 높아지면 지붕 처마에 해가 가려서 햇살이 방안으로 비치지 못하게 되지요. 그런데 처마 끝을 살짝 들어 올림으로써 햇볕이 들게 한 것입니다.

남부 지방으로 갈수록 가옥의 형태는 점차 개방적으로 변해갑니다. 통풍이 잘되는 'ㅡ'자형 구조가 나타나는 것이지요. 혹시 '초가삼간'이라는 말을 들어보셨나요? 방 한 칸, 부엌 한 칸, 마루 한 칸의 총 세 칸으로 된 초가집을 가리키는 것으로, 남부 지방의 서민들이 살던 일반적인 가옥의 형태를 뜻합니다.

우리나라 서민들이 살던 집의 지붕은 대체로 초가지붕이었습니다. 부드러운 곡선의 초가지붕을 보면 우리 민족의 심성을 느낄 수 있지요. 초가지붕의 재료는 볏짚입니다. 벼농사를 하고 나면 생기는 부산물인 볏짚은 매우 쓰임새가 많았습니다. 이것으로 밧줄의 일종인 새끼도 꼬고, 짚신도 만들었지요. 또 자르고 삶은 것은 소 여물(사료)로 이용했으며, 자투리는 연료나 거름으로 이용했습니다.

그럼 벼농사를 하지 않는 지방에서는 무엇으로 지붕을 덮었을까요? 물론 부유한 양반들은 기와를 이용했겠지만 서민들은 그 지방에서 쉽게 구할 수 있는 것들을 사용했습니다. 예를 들어 나무가 많은 산간 지방에서는 나무를 기와처럼 잘라서 지붕을 만들었는데, 이런 지붕이 있는 집을 '너와집'이라고 합니다. 한편 충청북도의 보은 지방에서는 점판암을 다듬어서 지붕을 이었다고 합니다. 바위에서 나무 판자처럼 떨어져 나온 돌판이 바로 점판암이지요.

울릉도와 제주도의 재미난 가옥 구조

우리나라에서 기후가 특이한 곳으로는 울릉도가 손꼽힙니다. 동해 먼 바다에 있는 울릉도는 특히 눈이 많이 내리기로 유명하지요. 최고 적설량이 무려 2미터가 넘었다니 대단하지 않나요? 집 밖에 여러분 키보다 높게 눈이 쌓여 있다고 상상해 보세요. 방문을 열면 밖의 눈이 집 안으로 들어올 것입니다. 방문 앞에 벗어 놓은 신발은 눈에 덮이겠죠. 이런 불편을 피하기 위해서 울릉도에서는 처마 끝에 새(억새 따위의 볏과 식물)를 엮어서 벽을 하나 더 만들었습니다. 이것을 '우데기'라고 합니다. 또 본래의 집 벽과 우데기 사이에는 공간이 생기는데, 이것은 '축담'이라고 합니다. 축담은 저장 공간과 작업 공간으로 사용되었습니다.

▲ 울릉도의 우데기와 축담

울릉도와 더불어 독특한 자연 환경을 가진 제주도에서도 역시 재미난 가옥 구조를 볼 수가 있습니다. 우선 부엌의 아궁이가 독특하지요. 보통 우리나라의 전통가옥들은 난방을 위해 아궁이가 방 쪽으로 있습니다. 저녁식사를 준비하기 위해 부엌에서 불을 지피면 그 열기와 연기가 방바닥 밑의 구들(온돌)을 데우고 굴뚝으로 나가는 구조입니다. 온돌과 같이 방바닥을 뜨겁게 하는 난방 구조는 우리나라에서 크게 발달하였습니다. 온돌은 몽

골의 풍습인데 우리 민족이 이것을 받아들여서 발전시킨 것이지요. 그런데 제주도의 부엌은 아궁이가 외벽으로 나 있으며 취사열을 난방에 활용하지 않습니다. 겨울철 기온이 높아서 굳이 난방을 할 필요가 없기 때문입니다.

외벽으로 나 있는 제주도의 아궁이 ▲

　제주도의 가옥에는 '고팡'이라는 공간이 있습니다. 일종의 창고인 이곳에는 쌀이나 콩, 밀 등의 곡물을 저장했다고 합니다. 바닥은 흙으로 되어 있는데 지면보다 높습니다. 또 창을 내어서 통풍이 잘되도록 했습니다. 습기가 많은 섬 지방에서 곡물이 쉽게 부패하지 않도록 하기 위해 만든 공간이라고 할 수 있지요.

　제주도는 바람이 많기로 유명합니다. 그래서 가옥에서도 바람에 대비한 장치들을 볼 수 있습니다. 지붕은 바람에 날리지 않도록 그물로 눌러놓은 것을 볼 수 있습니다. 또 집 앞에는 일종의 가림막 역할을 하는 풍채를 볼 수 있는데, 평상시에는 이것을 나무로 지지해 올려놓습니다. 이때는 햇빛을 막는 차양의 역할을 하지요. 비가 올 때는 지지대를 치우고 집 앞을 막도록 만듭니다. 바람에 빗물이 집으로 들어오는 것을 막기 위해서이지요.

　그 밖에도 제주도의 가옥에는 특이한 점들이 많습니다. 온통 돌로만 되어 있는 담도 눈에 띄고, 돼지를 키울 수 있도록 마련된 화장실 구조도 매우 독특합니다. 마당에 내놓은 커다란 항아리도 다른 지방에서는 보기 힘든 것이지요. 물론 이 항아리는 빗물을 모으기 위한 것입니다. 집의 입구에는 나무를 끼워 넣도록 한 돌기둥이 있는데, 이것을 '정낭'이라고 부릅니다. 정낭은 그 집에 사람이 있고 없음을 알려주는 것인데요. 나무 하나를 올려놓으면 집 주인이 잠시 이웃에 갔다온다는 표시이고, 두 개를 걸쳐 놓으면 멀리 집 밖을 나가서 저녁 때집에 들어온다는 표시입니다. 대문도 없고, 당연히 그것을 잠그는 열쇠도 없습니다. 도둑이 없었으니 그럴 필요도 없었지요. 이웃을 아끼고 평화롭게 살았던 제주 사람들의 면모를 엿볼 수 있는 대목입니다.

제주도의 가옥를 비롯한 우리나라의 전통가옥들은 이렇게 각 지방의 특색과 역사적, 문화적 배경을 담고 있습니다. 그런데 이제는 이런 전통가옥들을 보기 어려워졌습니다. 산업화와 도시화의 여파로 우리나라의 가옥들은 지역 특색이 사라져 가고 비슷한 모양의 주택과 아파트가 전국을 채우고 있습니다. 멀리서 보면 마치 아파트의 거대한숲으로 보일 정도입니다. 마치 스탬프로 찍어 낸 듯한 이런 특색 없는공간과 교감을 나누기란 어렵지 않을까요?

교감은 사람과 사람 사이에서만 가능한 것이 아닙니다. 우리가 살고 있는 장소와도 감정을 나눌 수 있습니다. 사람은 저마다 각기 다른장소에 대한 생각과 느낌을 가지고 있습니다. 이를 '장소감'이라고합니다. 장기간 해외여행을 하다가 돌아와 자기 집 어귀에 들어서면왠지 모를 편안함을 느끼곤 합니다. 그 장소에 마음의 뿌리를 내리고있기 때문입니다. 사람들은 이처럼 자신이 사는 곳에서 이웃들과 끊임없이 교감하며 자신의 정체성을 찾아갈 수 있습니다.

최근 국내외에서 한옥에 대한 관심이 높아지고 있습니다. 한옥의 아름다움과 과학적 원리에 현대적 편리를 담는다면 세계에 자랑할 만한 새로운 가옥 문화를 갖게 될 수도 있겠지요. 이제 편리함만을 앞세운 특색 없는 아파트가 아닌, 편리함을 버리지 않으면서도 우리들의 진실된 삶을 담아줄 새로운 집의 모습을 찾아볼 때인 듯합니다.

촌락에서 사람들의 생각과 가치를 읽다

촌락은 도시와 여러 가지 면에서 다른 모습을 지니고 있습니다. 도시가 인구밀도가 높고 인공적인 건물이 밀집되어 있으며 2, 3차 산업에 종사하는 사람들이 많은 곳이라면, 촌락은 그와 다른 특징을 지닙니다. 즉 인구밀도가 낮고 인공적 환경보다는 자연환경이 많이 남아 있으며 농업이나 어업 등 1차 산업에 종사하는 사람들이 많은 곳이지요. 산업화와 도시화의 여파로 우리나라도 지금은 많은 사람들이 도시에 거주하고 있습니다. 그러나 불과 50년 전만 하더라도 촌락에 거주하는 사람들이 더 많았습니다.

오랜 역사를 돌아보면 우리 민족은 대부분 촌락에 살았으며 최근에 와서야 도시에 살기 시작했습니다. 그러나 도시화의 속도가 워낙 빠르게 진행되다 보니 촌락은 점차 우리의 관심에서 벗어나고 있습니다. 면적으로 보자면 아직도 우리나라는 촌락이 도시보다 넓은데도 말이죠. 이번에는 먼 옛날부터 지금까지 인간과 자연의 삶이 이어지고 있는 우리 땅의 촌락으로 떠나 볼 차례입니다.

촌락의 조건

우리나라 사람들은 어떤 곳에 마을을 이루고 살았을까요? 우리나라 촌락들은 마을의 뒤편에는 산이 있고 앞으로는 물이 흐르는 배산임수背山臨水의 지형에 주로 자리하였습니다. 마을 뒤의 산은 찬바람을 막아 주었으며 마을 앞으로 흐르는 물은 농사를 짓는 데 이용되었지요. 과거 동양 사회에서 촌락이나 도시의 위치를 결정할 때 중요한 영향을 미쳤던 풍수지리적 명당 역시 이런 배산임수의 지형입니다.

풍수지리에서 말하는 명당은 마을의 북쪽으로는 주산主山이 위치하고 좌측으로는 청룡이, 우측으로는 백호가 자리하는 곳입니다. 마을 앞으로는 명당수가 흘러야 하는데, 이 물은 명당 안에서 밖으로 흐르는 물로 안산案山(풍수지리에서 집터나 묏자리의 맞은편에 있는 산) 뒤쪽의 객수(다른 데서 들어온 곁물)와 합류하게 됩니다. 마을은 전체적으로 산으로 둘러싸여 있는 분지의 형태를 갖게 되지요.

촌락의 입지를 결정할 때에는 사람들이 살아가는 데 없어서는 안 되는 기본적 요소들을 갖추고 있는지 살피는 것이 중요합니다. 가장 중요한 것은 역시 물입니다. 물은 인간 생존에 필수적인 요소로 촌락의 입지에 중요한 영향을 끼칩니다. 사람들은 식수를 구할 수 있는 우물 주변에 모여 살았습니다. 만일 그 우물이 마르거나 오염된다면 주민들은 낭패를 보게 되겠지요. 그래서 우리 조상들은 해마다 우물을 깨끗이 청소하고 좋은 물이 잘 솟아나게 해달라고 우물 신神에게 제사를 드렸다고 합니다.

물이 귀한 제주도의 경우는 촌락이 해안 지역에 몰려 있습니다. 지하로 흐르던 물이 해안에 가면 육지로 솟아올랐는데, 이것을 '용천'이라고 했습니다. 그리고 그 용천을 따라 촌락이 분포했습니다.

물은 식수로도 중요하지만 농사를 짓는 데도 필수적입니다. 우리 조상들은 농사지을 물을 풍부하게 얻을 수 있는 하천과 그 하천이 만들어 놓은 평야(범람원) 주변에 촌락을 이루고 살았습니다. 그런데 물은 꼭 얻어야 할 대상인 동시에 피해야 할 대상이기도 했습니다. 여름에 집중호우가 내려서 하천이 범람하면 촌락이 물에 잠길 수도 있기 때문입니다. 그래서 우리 조상들은 당연히 평지이면서도 고도가 높아서 범람의 위험이 적은 곳을 선호하였는데, 이런 곳이 바로 배산임수의 지형입니다. 마을 뒤에는 산이 있고 마을 앞으로는 물이 흘러가는 곳이지요.

이런 곳을 옆에서 보면 산지의 급한 경사와 평지의 완만한 경사가 서로 만나는 곳이라 할 수 있습니다. 뒤로는 산을 기대고 앞으로는 넓은 들을 마주하고 있어 겨울철 차가운 북서풍도 막고 물과 평야를 확보하기에도 좋지요. 뿐만 아니라 이런 곳은 심리적인 안정감을 주기도 합니다. 대체로 이런 좋은 공간은 골짜기의 입구인 경우가 많습니다. 우리나라 옛 이름에는 골짜기를 나타내는 '골'이 많이 들어가지요. '실'과 '일'이 들어가는 지명도 골짜기에 만들어진 곳임을 의미한답니다.

교통이 편리한 곳에 생겨난 마을도 있었습니다. 과거 먼 길을 떠나는 나그네가 하룻밤을 쉬어 가던 곳에는 역과 원이 있었습니다. 그래서 역과 원 주변에 생겨난 마을의 이름에는 '역'이나 '원'이 들어간 경우가 많습니다(50쪽 '길이 많이 생기면 좋은 것일까?' 참고).

그런가 하면 배를 타고 강을 건너는 나루터에도 제법 많은 마을들이 자리 잡았습니다. 이런 곳에는 진津, 포浦, 도渡 등의 글자가 지명에 쓰였습니다. 노량진鷺梁津, 광진廣津, 반포盤浦, 김포金浦, 영등포永登浦 등이 그러한 예입니다. 다른 나라에서도 강 주변에 마을이 들어서는 예가 많았습니다. 특히 영국에서는 다리 주변에 있던 마을의 이름에 공통적으로 'bridge'가 들어갔다고 합니다. 'cambridge'가 그 대표적인 사례입니다.

촌락은 어떤 모양을 하고 있을까?

입지와 더불어 형태도 촌락을 이해하는 데 중요한 요소입니다. 세계적으로 촌락의 형태는 다양하게 나타납니다. 광장이나 초지, 우물 등을 중심으로 해서 집들이 둥그렇게 모여 있는 촌락이 있는데, 이런 촌락을 환촌 또는 광장촌이라고 합니다. 방어를 위해 이런 형태를 하게 된 것인데, 외적의 침입이 잦았던 동부 유럽에서 흔히 볼 수 있습니다. 또한 집들이 도로를 따라 열을 지어 분포하고 있는 촌락도 있습니다. 특이하게도 가옥들 뒤로 경지가 좁고 긴 형태를 하고 있는데, 이런 경지를 롱롯long-lot이라고 합니다. 우리에게는 익숙하지 않은 모습이지요.

그런데 왜 이런 모양의 촌락이 되었을까요? 롱롯의 모양은 척박한 토양과 관계가 있습니다. 토양이 척박한 이곳에서 밭을 갈 때에는 무거운 쟁기로 깊숙이 흙을 퍼서 위로 올려 주어야 했습니다. 무거운 쟁기로 밭을 갈 때에는 방향을 바꾸어 가는 것이 힘들기 때문에 방향 전환의 횟수를 줄여야 했지요. 그래서 경지가 좁고 긴 모양을 띠게 되었습니다. 또한 당시 황무지를 개간하면서 되도록 도로에 인접해서 경작지를 조성하려고 한 것도 촌락이 좁고 긴 모양을 갖게 된 것과 관련이 있습니다. 모든 사람들이 균등하게 도로를 차지하려다 보니 이렇게 좁고 길게 경지가 나눠진 것이지요. 이러한 롱롯은 주로 중서부 유럽에서 볼 수 있습니다.

그렇다면 우리나라의 촌락은 어떤 모습을 하고 있을까요? 우리나라의 촌락은 특별한 모양을 하고 있지는 않습니다. 일반적으로 그저 집들이 옹기종기 붙어 있는 경우가 많습니다. 이와 같이 집들이 모여 덩어리 형태를 이루는 촌락을 괴촌塊村이라고 합니다. 벼농사를 주로 했던 우리나라는 많은 사람이 함께 힘을 모아야 농사를 지을 수 있는 상황이었지요. 농사뿐만 아니라 집안의 크고 작은 일들이 있을 때에도 가까운 사람들끼리 서로 도움을 주고받곤 했습니다. 그래서 대부분 괴촌 형태의 집촌을 이루는 경우가 많았습니다.

촌락은 이렇게 집들이 일정한 공간에 모여 있는 것이 일반적입니다. 그래야 서로 도움을 주고받으면서 살아가게 되지요. 그런데 가옥들이 일정한 거리를 두고 띄엄띄엄 분포하는 촌락도 있었습니다. 논농사를 주로 하기보다는 밭농사나 과수원을 주로 하는 곳, 비탈진 산지 등에서 이런 마을들을 볼 수 있는데요. 이를 산촌散村이라고 합니다. 전라북도 김제시 광

산촌(충청남도 태안) ▲

활면에 가 보면 넓은 들에 집들이 3~4채씩 띄엄띄엄 흩어져 있는 것을 볼 수가 있습니다. 이곳은 우리나라의 대표적인 간척지로 일제 강점기에 이미 간척 사업이 이루어졌던 곳입니다. 바다를 메워 새 땅을 만든 다음 사람들에게 땅을 나눠 주었는데, 사람들이 자기 땅 주변에 집을 짓고 살다 보니 집이 3~4채씩 떨어져 있게 된 것입니다.

종족 촌락의 흔적

우리나라 전통 촌락의 독특한 특징 중 빼놓을 수 없는 것이 있습니다. 바로 종족 촌락宗族村落이 많다는 점입니다. 동족촌同族村이라고도 불리는 이곳에 사는 사람들은 모두가 일가친척으로 성씨가 모두 같았습니다. 이렇게 일가친척들끼리 한 마을을 이루고 살았으니 마을

사람들 간의 공동체의식과 협동심이 매우 강했을 것입니다.

　이와 같은 종족 촌락은 어떻게 형성되었을까요? 형성 과정은 다양하겠지만 대체로 지위가 높았던 조상이 그 마을에 자리를 잡으면 그 조상의 장남은 그 집에 살고, 이후 차남을 비롯한 다른 형제들이 그 주변에 새로운 가정을 구성하는 식으로 점차 마을을 확장하게 됩니다. 마을의 시조가 유명한 분이면 그분을 기리는 사당을 짓기도 하며, 마을 입구에 가문의 영광을 보여 주는 비석을 세우기도 합니다. 조상들은 살아 있는 동안에만 모여 산 것이 아니고 죽은 이후에도 선산에 함께 묻혔습니다.

　이런 종족 촌락의 모습을 잘 보여 주는 곳이 있으니, 바로 안동의 하회마을입니다. 이 마을은 풍산 류씨의 종족촌으로 제일 중요한 장소인 마을의 중앙에는 종가[3]에 해당하는 충효당과 양진당, 그리고 남촌댁과 북촌댁 등 양반들의 가옥이 있습니다. 이 양반 가옥은 평민들의 가옥이 둘러싸고 있지요. 굳이 비유를 들자면 양반의 가옥을 꽃의 꽃술이고 평민의 가옥은 꽃잎이라고 할 수 있을까요?

　우리 조상들은 풍수지리 사상에 따라 마을의 위치를 정했습니다. 풍수에서 말하는 최고의 자리는 남과 북, 그리고 좌와 우가 조

3　족보로 보아 한 문중에서 맏이로만 이어온 큰집을 뜻한다.

▲ 안동 하회마을

화와 균형을 이룬 곳인데, 여기에다 마을의 핵심적인 건물을 배치했습니다. 마을에서 가장 중요한 건물인 종갓집이 가장 중심적 위치에 있었는데, 이런 식의 배치는 유교적이고 가부장적인 사회 모습을 반영하는 것이라고 할 수 있습니다.

촌락의 모습에는 당시의 사회적 구조가 그대로 반영되어 있습니다. 그렇기 때문에 촌락의 모습을 보면 당시 사람들의 가치와 생각들을 읽을 수 있습니다. 도시화와 근대화의 과정에서 많은 종족 촌락들이 붕괴되어 지금은 그리 많지 않지만, 아직도 곳곳에서 과거의 흔적들을 찾아볼 수 있습니다.

산업화와 도시화가 진행되면서 촌락은 점차 우리의 관심 밖으로 밀려났습니다. 그러나 모든 인류의 고향은 도시가 아닌 촌락입니다. 도시에서 살았던 시간보다 촌락에서 살았던 시간이 훨씬 길어서인지 많은 도시인들은 인류 공동의 고향인 촌락을 본능적으로 그리워하고 있는 것 같습니다. 은퇴 이후 촌락으로 이주하는 사람들이 점차 늘고 있는 것도 그 때문이 아닐까요? 바야흐로 인간과 자연이 적절히 조화를 이룬 생활 공간으로서의 촌락을 재발견해야 할 때가 온 듯합니다.

도시는 어떻게 탄생되는가

인류는 오랫동안 촌락에서 살아왔지만 오늘날 대부분의 현대인들은 도시에 살고 있습니다. 그래서 현대인의 삶을 이해하려면 도시에 대한 이해가 필요합니다. 도시에서 생활하는 사람들도 사실 도시에 대해 많은 것을 모른 채 살아가고 있습니다. 도시는 과연 어떤 공간일까요? 일반적으로 도시는 '좁은 지역에 인구가 밀집되어 있으며, 거주하는 사람들 대다수가 농업이 아닌 공업이나 서비스업 분야에서 일을 하고, 주변 지역에 재화와 서비스를 제공하는 중심지'로 정의할 수 있습니다.

이렇게 도시를 장황하게 설명해야만 하는 것은 도시를 한마디로 정의할 수 없기 때문일 수도 있습니다. 그렇다면 도시의 기준을 인구로 설명할 수 있을까요? 도시 인구의 기준도 나라마다 제각각입니다. 인구밀도가 낮은 북유럽에는 인구가 300명 이상인 곳을 도시로 보는 나라도 있다고 합니다. 이에 비해 인구밀도가 높은 우리나라의 경우는 일반적으로 인구가 2만 명 이상은 되어야 도시로 간주합니다. 이렇게 도시를 일정한 기준으로 설명하기 어려운 것은 도시가 촌락에 대한 상대적 개념으로 나타났기 때문입니다.

옛 도시는 어떤 모습이었을까?

인류의 역사에서 도시는 어떻게 등장하게 되었을까요? 도시에는 농업 외의 다른 분야에서 일을 하는 사람이 많습니다. 아마도 고대에 농사를 짓지 않은 사람이라면 정치가, 수공업자, 상인, 무사, 학자들을 꼽을 수 있을 것입니다. 이들이 농사를 짓지 않고도 살 수 있으려면 농부들은 자신들이 먹고 남을 만큼 충분히 농산물을 수확해야 했을 것입니다. 그래야만 농사를 짓지 않는 이들에게도 돌아갈 농산물이 있었을 테니까요.

많은 수확량을 내기 위해 꼭 필요한 것은 비옥한 토지입니다. 그래서 인류 최초의 도시들은 메소포타미아, 황하 및 나일강 유역 등 비옥한 토지를 갖춘 지역에 생겨났습니다. 고대의 도시들은 정치, 군사, 제사, 시장 등 다양한 기능을 가지고 있었습니다. 고대 그리스와 로마의 도시들을 보면 가장 중요한 곳에는 신들의 공간이 있었지요. 그리스 아테네의 경우 중앙부 가장 높은 곳에 파르테논 신전이 있었습니다. 평상시에는 신들에게 제사를 드리는 곳이었고, 전쟁이 일어나면 최후 방어선의 역할을 했지요.

▲ 고대 그리스의 아고라였던 자리

신전 아래는 사람들의 공간이었습니다. 그리스에는 아고라_{agora}라고 불리는 큰 광장도 있었는데 여기서는 민회가 열려 연설이나 투표 등이 이루어졌습니다. 시장도 이곳에 있었습니다. 로마의 도시에서는 포럼_{forum}이라는 광장이 이런 역할을 했습니다. 로마의 도시는 그리스의 도시보다 훨씬 더 많은 편의 시설들을 갖췄지요. 오늘날의 도시에서 볼 수 있는 대중목욕탕, 경기장, 도서관 등도 있었으니까요.

유럽의 중세 초반에는 농업을 중심으로 한 장원제도가 발달해서 도시가 크게 성장하지는 않았습니다. 그러나 중세 후반에 부유한 상인들이 등장하면서 상업 기능을 갖춘 도시들이 출현하였습니다. 신전이 교회로 바뀌고 규모도 작아졌습니다. 정치적 기능을 가진 광장이 사라지고 그 자리는 푸줏간, 제과점, 금세공점, 양복점, 향신료 상점 등 상업 시설들로 채워졌습니다. 한마디로 상업 기능이 도시의 핵심이었던 것이지요. 중세 도시들은 방어를 위해서 성곽들로 둘러싸여 있었는데 이 성곽들은 나중에 대포가 발명되면서 무용지물이 되었습니다.

18세기에 영국에서 시작된 산업혁명은 인류의 삶, 그리고 도시를 크게 변화시킨 일대 사건이었습니다. 집에서 손으로 만들어 왔던 물품을 공장에서 대량으로 생산하게 되면서 많은 노동자들이 필요하게 되었습니다. 그러다 보니 농촌에 거주하던 가난한 사람들이 대거 도시로 몰려들었지요. 또 증기기관을 장착한 철도의 도입으로 사람들의 이동이 편리해지자 도시는 더욱 커졌습니다.

산업혁명으로 인해 근대 도시의 핵심적 기능은 공업이 담당하게 되었고, 그에 따라 크고 작은 문제도 생겼습니다. 사람들은 몰려드는데 도시에는 생활에 필요한 상하수도, 도로, 가로등과 같은 시설들이 제대로 갖추어져 있지 않았습니다. 공장, 도로, 주거 시설들도 무질서하게 섞여 있었지요. 당시 노동자들은 매우 열악한 환경에서 살았는데 그들의 집단 거주 시설에는 화장실이 따로 없었습니다. 일을 본 다음 오물은 그냥 창문 밖으로 내다 버렸답니다. 재수가 없으면 길 가던 사람들이 그대로 뒤집어쓸 수도 있었지요. 당시 여자들은 이런 오물을 막기 위해 우산을 쓰고 다녔고, 거리의 오물을 밟지 않으려고 신발 뒷굽을 높인 하이힐을 신게 됐다는 이야기도 있습니다.

시간이 지나면서 도시는 또다시 변화를 겪게 됩니다. 도로도 정비

되고 상하수도 시설들도 확충되었으며, 병원, 학교, 행정관청 등의 시설들도 생겨났습니다. 도시는 이제 많은 사람들이 생활하는 데 불편함이 없도록 각종 시설과 기능들을 갖추게 된 것입니다. 도시의 핵심 기능도 공업에서 점차 서비스업으로 넘어가게 되었습니다.

도시가 점차 성장하면서 너무 많은 사람들이 도시로 몰려들면 도시에는 사람들이 살 땅이 부족해질 것입니다. 그러면 도시는 마치 물감이 번져 나가듯이 주변 지역으로 커져 나가게 됩니다. 이를 스프롤sprawl 현상이라고 합니다. 그러나 이렇게 도시가 계속 커져 나가다 보면 녹지 공간이 줄어들고 어마어마한 쓰레기가 발생하며 대기오염, 수질악화와 같은 여러 가지 문제도 생기게 마련입니다. 그래서 이런 문제를 발생시키는 도시의 무질서한 팽창을 막기 위해 도시 주변을 그린벨트greenbelt로 지정해서 개발을 제한하기도 합니다. 그린벨트로 도시의 팽창이 막히면 땅값이 저렴한 도시 주변으로 이주하려는 사람들이 생겨납니다. 그리고 이들을 위해서 그린벨트 바깥쪽으로 쾌적한 주거 환경을 갖춘 신도시가 만들어집니다. 신도시는 사람들이 낮에는 직장이 있는 대도시에서 시간을 보내고 밤에만 돌아와서 생활한다고 하여 '침상도시bedtown'라고도 하지요.

대도시들은 계속 확장되고 인근의 신도시들이 계속 생겨나면 그 일대 전체가 도시 지역으로 변모하게 됩니다. 대도시를 중심으로 크고 작은 도시들이 하나의 큰 도시권을 형성하게 되는 것이지요. 이런 현상을 도시연담화conurbation라고 하고, 이런 도시를 연합도시라고 합니다. 이런 곳에 차를 타고 가면 여러 도시의 경계를 지나면서 계속

세계적인 대도시 로스엔젤레스의 모습(©Thomas Pintaric) ▲

도시적 풍경만 보게 되겠지요. 미국의 북동부 지역, 일본의 태평양 연안, 우리나라의 수도권 등지에서 볼 수 있는 풍경입니다. 프랑스의 지리학자 장 고트망Jean Gottman은 이런 초거대 도시권을 가리켜 '메갈로폴리스megalopolice'라고 하였습니다.

이제 메갈로폴리스가 성장하면서 전 세계로 영향을 미치는 도시들이 등장합니다. 물론 메갈로폴리스 성장의 일등공신은 교통과 통신의 발달입니다. 미국의 뉴욕과 로스엔젤레스, 영국의 런던, 프랑스의 파리, 일본의 도쿄, 중국의 상하이 등이 세계 도시의 면모를 갖춘 도시라고 할 수 있습니다.

오늘날 인류의 삶은 도시를 떠나서는 상상하기 어렵습니다. 도시는 지금까지 인간이 지구에서 만들어 낸 모든 문화, 기술, 지식이 녹아 있는 인류문명의 박물관이라고 할 수 있습니다. 도시는 거의 모든 것이 인공적인 것들로 채워져 있습니다. 자연환경 중에서 인간에게 필요한 것은 도시 안으로 끌어들였으며 불필요한 부분들은 모두 제거하였으니까요.

　도시는 이 순간에도 계속 진화를 거듭하고 있습니다. 그러나 도시는 주거 문제, 교통 문제, 환경 문제, 도시 빈민 문제, 인간 소외 현상 등 많은 문제를 안고 있기도 합니다. 미래의 도시는 어떤 모습일까요? SF 영화를 보면 하늘을 나는 택시도 등장합니다. 무척 편리해 보이지만 수직으로 내려다본 도시의 모습이 왠지 삭막해 보이기도 합니다. 여러분들이 상상하는 미래 도시의 모습은 어떤 모습입니까?

철도는 도시의 흥망성쇠를 좌우한다

전라도와 경상도를 가로지르는
섬진강 줄기 따라 화개장터엔
아랫마을 하동 사람 윗마을 구례 사람
닷새마다 어우러져 장을 펼치네

위와 같은 가사의 〈화개장터〉를 들어 보신 적이 있나요? 바로 이 노래에 나오는 화개장이나 그곳과 가까운 하동장에서는 상인들의 거래가 활발하게 이루어졌습니다. 하동장에는 멀리 일본의 상인들도 장을 보러 왔다고 합니다. 자연스럽게 국가간 무역이 이루어진 것이지요. 금강이 흐르는 지역인 강경도 이런 식의 무역이 행해지던 곳입니다. 조선 후기 상업이 발달하면서 배가 하천을 따라 내륙 깊숙이 들어올 수 있었던 곳에는 상업 도시가 이처럼 성장하였습니다.

그런데 당시 번화한 상업의 중심지였던 하동이나 강경이 지금은 소도시인 까닭은 무엇일까요? 이곳들이 대도시로 성장할 수 없었던 것은 다름 아닌 철도의 등장 때문입니다. 본격적으로 철도와 도시의 관계를 알아보기 전에 우선 철도의 특징부터 살펴볼 필요가 있습니다.

철도는 도로 다음으로 사람들이 많이 이용하는 육상 교통수단이지요. 기차를 타면 자동차를 탈 때와는 다른 즐거움을 느낄 수 있지만 사실 불편한 점도 많습니다. 자동차는 출발지에서 내가 가고자 하는 곳까지 바로 연결해 주는 '도어 투 도어 서비스 door-to-door service(문전연결성)'가 가능합니다. 그렇지만 철도를 이용하려면 반드시 정해진 역으로 가야 하기 때문에 가까운 역으로 가는 다른 교통수단을 이용해야 하지요. 또 철도는 내가 급하다고 바로 출발하는 것이 아니라 정해진 시간대로만 움직입니다. 자동차에 비해서 기동성이 떨어지는 것입니다. 물론 철도가 지닌 장점도 적지 않습니다. 철도는 자동차에 비해 안전하고 시간도 정확하게 지켜 줍니다. 또 한꺼번에 많은 사람과 화물을 운송할 수도 있지요.

철도가 일으킨 변화

철도가 처음 등장한 것은 산업혁명 때였습니다. 여러분들도 아시겠지만 산업혁명 이후에는 공장에서 기계를 이용해서 대량으로 물건을 생산하기 시작했지요. 그래서 공장에 기계가 필요했고 또 기계를 만들기 위한 제철공업이 발달했습니다. 제철공업에는 석탄과 철광석 등이 필요한데 이 원료들은 매우 무거웠어요. 이 무거운 화물을 마차로 옮기려다 보니 마차 바퀴가 자꾸 진흙탕에 빠지거나, 바퀴에 흙이 묻어 마차가 잘 굴러가지 못하는 경우가 많았습니다. 그래서 레일을 깔아 그 노선 위로만 마차가 달리도록 길을 만들었습니다. 처음에는 레일이 나무로 만들어졌고 길이도 짧았습니다. 또 나무로 만들어진 레일은 무거운 무게를 견디지 못했지요. 그래서 나무 대신 철로 된 레일을 사용하게 되었습니다. 지금은 상상하기 어렵지만 철도는 이렇게 만들어졌습니다.

▶ 기계력을 사용하는 철도가 본격적으로 개발되기 전에 이용되었던 마차 철도

증기기관이 발명된 후에는 철도가 인간의 삶을 혁명적으로 바꾸어 놓았습니다. 교통이 편리해지면서 좀 더 많은 원료와 제품의 수송이 이루어졌고, 산업은 비약적으로 발전하게 되었습니다. 그에 따라 사람들의 이동 거리도 훨씬 넓어졌지요. 이와 함께 많은 농촌 사람들이 도시로 이주하게 되면서 도시화가 급격히 진행되었습니다.

철도는 또한 개척의 상징이기도 했습니다. 예를 들어 유럽인들이 아메리카 대륙으로 진출해서 서부를 개척할 때도 철도의 개통이 큰 역할을 했습니다. 식민지를 개척하면 우선 항구에서 내륙 지방을 연결하는 철도부터 부설했지요. 그래야 식민지의 자원을 본국으로 가져갈 수 있었으니까요. 그럼 우리나라에 처음 철도가 놓인 것은 언제였을까요?

우리나라 최초의 철도는 1899년에 개통된 경인선입니다. 세계 최초로 철도가 놓인 영국보다 74년이 늦었지요. 서울(노량진)에서 인천(제물포)까지 이어진 이 철도를 보고 당시 사람들은 '쇠로 된 말'이라는 뜻으로 '철마鐵馬'라고 불렀습니다. 당시에는 열차를 이용할 일이 있을 때뿐만 아니라 구경 삼아 철도를 이용한 사람들도 많았다고 합니다. 그때의 사람들에게는 당연히 철도가 무척 신기했을 것입니다. 경인선이 처음 생기고 나서 일제는 서울(당시는 경성)을 중심으로 한 X자형의 철도를 부설하였습니다. 경부선은 서울에서 부산까지, 호남선은 서울에서 목포까지, 경의선은 서울에서 신의주까지, 그리고 경원선은 서울에서 원산까지 놓였지요.

그런데 왜 호남선은 경목선이 아닌 호남선으로 불리게 되었을까요? 호남선은 경부선이나 경의선과는 달리 대한제국이 자체적으로 부설하려고 했던 철도였는데, 자금 부족으로 부설권이 민간에게 넘어가면서 호남선이라는 명칭을 얻게 되었습니다. 경부선, 경의선은 정치적, 군사적 목적으로 만들어진 데 비해 호남선은 호남 지방의 풍부한 농수산물을 수송하기 위해, 즉 경제적 목적으로 부설된 철도입니다. 호남선은 호남 평야를 비롯한 국내에서 생산된 쌀을 일본으로 반출하는 데 이용되었습니다. 호남 평야에서 생산된 쌀이 군산항을 거쳐 일본으로 빠져나간 것이지요. 지금도 군산에는 일본으로 반출하기 전 쌀을 저장했던 창고 건물이 남아 있습니다.

새로운 도시가 등장하다

철도 역시 주요 도시를 연결해야 함에도 불구하고 직선으로 부설되었습니다. 도로를 건설할 때처럼 비용을 절감하기 위해서였지요. 그러다 보니 주요 도시 옆으로 철도가 지나게 되면서 기존의 도시는 쇠퇴하고, 철도역이 들어선 곳을 중심으로 새로운 도시나 신시가지가 형성되었습니다. 경부선 철도는 청주나 공주 등은 지나지 않고 조치원을 통과했습니다. 새롭게 철도역이 생긴 곳에는 역전 취락이 발달했습니다. 가장 대표적인 곳이 대전입니다.

대전은 본래 인구 200명 정도의 조그마한 마을이었습니다. 그런데 경부선과 호남선이 이곳을 통과하면서 사람들이 이곳에 모여들게 되었지요. 대전은 지금 인구 100만이 넘는 대도시가 되었습니다. 이런 곳이 또 있습니다. 전북 익산 역시 호남선이 통과하면서 성장하게 된 도시입니다. 이렇게 철도나 도로가 개통되면서 철도가 지나가지 않은 기존의 중심지는 쇠퇴하고, 철도역이 들어선 새로운 곳이 중심지로 성장하게 되었습니다. 이렇게 새롭게 중심지로 탈바꿈한 곳의 지명에는 '신新' 자를 넣어 이전의 중심지와 구별하곤 했습니다. 의주와 신의주, 태인과 신태인 등이 바로 이런 경우이지요.

철도가 도입되면서 배로 물건을 운반하지 않자 강경이나 하동 같은 도시들이 쇠퇴하게 되었습니다. 그렇게 위세를 떨치던 철도 역시 자동차가 도입되면서 이용이 줄기 시작한 것과 같은 이치지요. 그러나 쇠퇴 일로를 걷던 철도는 최근 다시 부활할 조짐을 보이고 있습니다. 고속철도가 도입된 이후 서울에서 부산까지 대략 두 시간이면 갈 수 있어 자동차를 이용하는 것에 비해 시간을 절약할 수 있게 된 덕분입니다. 과거 철도는 석유나 석탄을 동력으로 사용했지만 요즘은 대부분 전철화되어 동력으로 전기가 이용되고 있습니다. 철도는 빠르고 안전하며, 환경에도 무리가 없는 교통수단으로 다시 각광받고 있습니다. 도시의 흥망성쇠를 좌우하던 철도의 전성시대는 다시 올 수 있을까요?

제주도에서는 제사상에 빵을 올린다?

제주도의 자연 경관이 뛰어난 것은 우리나라 국민이라면 누구나 알고 있는 사실입니다. 유네스코에 의해서도 이미 '생물권 보전 지역', '세계 자연 유산', '세계 지질 공원' 등으로 지정된 바 있지요.

그런데 제주도의 아름다운 자연 경관은 신생대에 있었던 화산 활동으로 형성된 것이 많습니다. 한라산을 비롯하여 400여 개에 이르는 오름, 용암이 흘러가면서 만들어 놓은 동굴, 높은 절벽에서 떨어지는 폭포 등은 대부분 화산 활동의 결과로 형성된 것입니다. 화산 활동은 이렇게 아름다운 자연 경관뿐 아니라 제주도만의 독특한 문화와 생활 양식에도 큰 영향을 주었습니다.

제주도의 색다른 의식주

제주도의 전통적인 의식주 문화는 육지와 사뭇 다릅니다. 의생활과 관련해서는 갈옷이라는 옷을 주로 입었다는 것이 가장 큰 특징입니다. 갈색을 띠는 갈옷은 감을 이용하여 염색을 한 것이었습니다.

제주도 사람들의 음식은 어땠을까요? 제주도에는 논이 거의 없기 때문에 제주도 사람들은 주로 밭작물을 먹고 살았습니다. 보리와 콩 등을 주식으로 삼았고 각종 채소를 재배했습니다. 보리, 조, 메밀이 흔하다 보니 이를 이용한 음식 문화가 당연히 발달하였겠지요. 보리로 만든 보리 쉰다리, 보리상외떡과 조로 만든 오매기떡, 오매기술, 그리고 메밀로 만든 빙떡, 메밀국수 등이 제주도의 향토음식으로 유명합니다.

바람이 많이 불고 돌이 흔한 제주도에서는 돌을 이용하여 집을 짓는 것이 일반적이었습니다. 돌을 쌓아 벽을 만들고 흙을 물로 반죽하여 벽면을 발랐지요. 제주도에서는 겨울을 제외하고는 난방의 필요성이 적었기 때문에 구들을 놓는 방식도 육지와는 달랐습니다. 가령 육지에서는 아궁이와 구들이 연결되어 있는 경우가 대부분이지만 제주도에서는 아궁이를 따로 만들어 음식을 만들 때도 난방이 되지 않았습니다. 또 새라는 풀로 엮은 지붕을 얹고 새끼줄로 촘촘히 감아서 지붕이 바람에 날아가지 않도록 했습니다. 이처럼 제주의 의식주는 육지와는 매우 달랐습니다. 그런 색다른 부분들이 지금은 우리에게 흥미로운 입을 거리, 먹을거리, 쉴 거리로 다가오기도 합니다.

제주도에 부족한 것은?

각 지역의 음식 문화의 특징을 엿볼 수 있는 방법 중 하나는 제사음식을 살펴보는 것입니다. 예와 효를 중요한 가치로 여기던 우리나라에서는 돌아가신 조상을 기리는 제사에 많은 정성을 기울여 왔기 때문이지요. 제사 음식에는 대체적으로 공통적인 기준이 있지만 특정한 음식들이 각 지역의 지리적, 기후적 환경에 맞게 차려지기도 했습니다. 과일이나 전, 국, 밥, 고기 등은 전국적으로 거의 비슷하지만 해산물이나 나물 등에 있어서는 지역적 차이를 보입니다. 경상도 지역에서는 상어나 문어와 같은 어종이 제사상에 올라가지만 호남 지역에서는 다른 생선들이 올라가는 것이 대표적인 예이지요.

제주도의 제사상에서 가장 특징적인 것은 다른 지역에서 보기 어려운 '빵'이 올라간다는 점입니다. 제주도에서는 흰 쌀떡인 곤떡이나 시루떡을 제사상에 올리는 것이 전통적인 제례 풍속이었지만 마을에 따라 돌래떡, 빙떡, 오매기떡, 보리상외떡을 올리기도 했습니다. 돌래떡은 메밀가루, 멥쌀가루, 보릿가루를 섞어 반죽한 떡이고, 빙떡은 메밀가루를 반죽하여 얇고 넓은 전으로 부친 다음 양념을 한 무채를 넣고 김밥처럼 말아서 만든 떡입니다.

오매기떡은 차조(차좁쌀)가루로 반죽한 뒤 둥글게 빚어 가운데에 구멍을 내고 시루에 찐 다음 볶은 콩가루를 묻힌 떡이고, 보리상외떡은 밀가루와 보릿가루에 술을 넣어 반죽하여 발효시켜 만든 찐 떡으로 술떡이라고도 합니다. 쌀이 귀했기 때문에 다양한 곡물가루를 사용하여 떡을 만들고, 그것을 쌀로 만든 떡 대신에 제사상에 올린 것으로 보입니다. 그중에서 보리상외떡은 누룩을 붓고 반죽하여 부풀게 만든 모습이 빵과 비슷합니다. 물론 옛날에는 빵이란 말이 없었으므로 떡이라고 부를 수밖에 없었지요.

제주도에서는 왜 제사상에 쌀로 만든 떡 대신 보리로 만든 빵을 올릴까요? 왜 그렇게 쌀이 귀했던 것일까요? 바로 물 때문입니다. 우리나라는 대부분의 지역에서 벼농사가 가능하기 때문에 쌀을 주식으로 삼아 왔습니다. 물론 여름철에도 기온이 낮은 북부 산악 지역이나 고원 지역, 경사가 급한 산지에서는 벼농사가 힘들긴 했지요. 제주도는 기후 조건으로는 벼농사가 충분히 가능했습니다. 그러나 물이 잘 스며드는 기반암의 특성으로 말미암아 벼농사를 하기 어려웠습니다.

제주도의 지표면은 대부분 현무암이라는 암석으로 덮여 있습니다. 현무암은 마그마가 분출하여 형성된 암석으로 마그마가 식으면서 수많은 틈이 생겨나기 때문에 물이 잘 스며듭니다. 그런데 벼농사는 주로 물을 댄 논에서 이루어집니다. 따라서 땅 속으로 물이 잘 스며드는 땅에서는 벼농사가 어려울 수밖에 없습니다. 즉 모를 심어서 벼가 자라는 동안 논에 물이 있어야 하는데, 물이 잘 스며들어 버리는 제주도에서는 논에 물을 가두기가 어려웠던 것입니다. 그러다 보니 쌀이 귀할 수밖에 없었고 쌀을 재료로 하는 음식도 귀해졌습니다.

과거에 제주도의 취락은 주로 바닷가에 분포했습니다. 바닷가를 따라 샘물이 솟아났기 때문이지요. 사람들은 물을 얻기 쉬운 샘물 주위에 모여 살면서 마을을 이루었습니다. 물은 이처럼 제주도의 생활

양식에 많은 영향을 끼쳤습니다.

제주도의 현무암 위에는 화산재 층이 덮여 있습니다. 따라서 비가 오면 화산재 층을 통과한 빗물이 현무암의 갈라진 틈 속으로 스며들면서 지하수로 저장되기 좋습니다. 그래서 제주도에는 질 좋은 지하수가 매우 풍부하지요. 화산암 사이로 흘러든 지하수는 암석 틈 사이에서 정수가 이루어져 물맛과 수질이 좋기로 유명합니다. 풍부한 지하수를 바탕으로 개발한 '제주 삼다수'라는 생수 브랜드는 여러분들도 한 번쯤 들어 봤을 것입니다.

제주도를 여행하다 보면 아직도 해안 지역에서 많은 샘물을 볼 수 있습니다. 지금은 상수도가 보급되어 샘물을 그냥 식수로 사용하는 경우는 별로 없지만 조그마한 수영장처럼 꾸며 놓은 곳, 간이 목욕탕으로 이용하는 곳도 있다고 합니다.

▲ 서귀포시에 있는 용천

'6차 산업'과 'MICE 산업'을 아시나요?

더 알아보기

제주도 국토 순례 여행 코스 중 학생들에게 가장 인기 있는 것 중 하나는 승마 체험입니다. 한 학교의 학생들이 모두 승마 체험을 할 수 있는 곳은 제주도가 유일할 것입니다.

제주도는 드넓게 펼쳐진 초원에서 말을 키워 관광 산업에 이용하고 있습니다. 말가죽으로 만든 지갑, 핸드백 등을 관광 상품으로 판매하기도 합니다. 이와 같이 제주도에서 발달한 복합 산업을 6차 산업이라고 합니다. 초원에서 말을 키우는 산업은 1차 산업, 말가죽을 이용해 여러 제품을 생산하는 공업은 2차 산업, 말을 이용한 승마 체험은 3차 산업이라고 할 수 있습니다. 그리고 이것들이 합쳐져 복합 산업인 6차 산업을 이루게 되는 것이지요. 이와 같은 산업의 발달은 해당 지역을 복합 산업 공간으로 변화하게 합니다.

최근 제주도를 찾는 관광객들 중 많은 이들이 올레길 걷기 체험을 즐깁니다. 올레길 걷기는 소비지향적이고 단순 관람형으로 이루어지던 관광에서 자연과 어우러지는 생태 체험으로 제주 관광의 흐름을 바꾸어 놓았다는 데 의의가 있습니다. 동네 민박과 대중교통, 전통시장 등이 덩달아 활성화되는 등 지역 경제도 새로운 활기를 찾았다고 합니다.

제주도에서는 체험 관광과 더불어 최근 'MICE 산업'도 발달하고

▲ 제주도 국토 순례 여행 중 학생들이 승마 체험을 하는 모습

있습니다. MICE 산업이란 회의Meeting, 포상 관광Incentive travel, 협약이나 대회Convention, 전시회Exhibition의 머리글자를 따서 만든 용어입니다. 제주도에서 열리는 다양한 국제회의, 이벤트, 전시 행사 등이 바로 MICE 산업과 관련된 것이지요.

세계자연유산으로 등록된 화산 지형이 분포하고 독특한 문화 자원이 풍부한 제주도는 관광 관련 업종의 비중이 높습니다. 이로 인해 이곳에서 국제회의를 개최할 경우 관광과 연계한 파급 효과가 크게 나타납니다. 제주도는 동북아시아 최고의 MICE 거점 지역으로 성장하는 것을 목표로 개발을 추진하고 있습니다.

자유무역협정Free Trade Agreement의 확대와 외국산 농산물의 수입 확대로 타격을 입은 농촌이 많은 오늘날, 제주도의 6차 산업과 MICE 산업의 활성화 노력은 미래 농촌의 변화된 모습을 상상해 보게 합니다.

여기 짜장면 좀 배달해 주세요!

어느 도시의 A구에 철수라는 아이가 살고 있었습니다. 철수가 살던 동네에는 자장면이 기가 막히게 맛있는 매향반점이란 곳이 있었습니다. 철수는 주말마다 매향반점의 짜장면을 시켜 먹는 즐거움에 한 주를 보내곤 했습니다. 그러다 철수는 가족들과 함께 B구로 이사를 가게 되었습니다. B구로 이사 간 이후에도 날이면 날마다 매향반점의 짜장면이 생각났습니다. 매향반점 짜장면을 다시 맛보고 싶었던 철수는 매향반점에 전화를 걸었습니다. "짜장면 한 그릇만 배달해 주세요." "네, 어디로 가져다 드릴까요?" "B구 갈매나무동 21번지요." 하지만 돌아오는 대답은 차갑기 그지없었습니다. "B구요? 이 사람이 지금 무슨 소릴 하는 거야? 안 돼요!"라는 말과 함께 전화가 끊겼습니다.

최소 요구치의 범위

왜 매화반점은 철수네 집까지 배달을 하지 않는 것일까요? 돈을 벌기 싫었던 걸까요? 아닙니다. 오히려 돈을 벌기 위해서 배달을 하지 않은 것입니다.

이유를 알기 위해서는 먼저 '최소 요구치'라는 개념에 대해서 살펴봐야 합니다. 중국집을 운영하기 위해서는 재료비, 임대료, 배달비, 인건비 등이 소요됩니다. 따라서 손해를 보지 않고 중국집을 계속 운영하기 위해서는 적어도 투입된 비용만큼은 수익이 발생해야 합니다. 이때 손해를 보지 않기 위해 최소한으로 필요한 수요(수익)를 최소 요구치라고 합니다. 즉 최소 요구치는 가게를 운영하기 위해 소요되는 비용과 같은 의미라고 할 수 있습니다.

만약 한 달에 가게를 운영하기 위해 소요되는 비용이 100만 원이라면 바로 이 100만 원이 최소 요구치가 됩니다. 그리고 짜장면 한 그릇의 값이 5천 원이라면 이 가게는 적어도 한 달에 200그릇 이상을 팔아야 최소 요구치를 충족시켜 손해를 보지 않고 가게를 계속해서 운영할 수 있습니다.

최소 요구치만큼의 수익을 얻을 수 있는 공간은 원의 범위로 표시할 수 있습니다. 만약 가게를 중심으로 반경 5킬로미터 이내의 지역에 배달을 해야 짜장면 200그릇을 팔 수 있다면 이 원의 범위가 중국집의 최소 요구치의 범위가 됩니다.

하지만 실제로 배달이 이루어지는 범위는 최소 요구치의 범위보다 더 넓을 수도, 더 좁을 수도 있습니다. 이와 같이 한 점포의 서비스와 제품이 실제로 공급되는 공간을 재화의 도달 범위라고 합니다. 예를 들어 통학권, 통근권, 상권, 배달권 등이 바로 재화의 도달 범위라고 할 수 있습니다.

재화의 도달 범위는 최소 요구치의 범위보다 넓을 수도, 좁을 수도 있습니다. 재화의 도달 범위가 최소 요구치의 범위보다 좁을 경우 순수익을 얻기는커녕 오히려 손해가 발생하게 되므로 가게를 계속 운영하기가 어려워집니다. 하지만 재화의 도달 범위가 최소 요구치의 범위보다 넓다면 순수익을 얻을 수 있으므로 가게를 계속 유지하는 것이 가능해집니다. 따라서 어떤 서비스나 재화를 공급하는 중심지가 계속적으로 유지되기 위해서는 최소 요구치의 범위보다 넓은 재화의 도달 범위를 확보해야 합니다.

다시 매화반점을 예로 들어 살펴볼까요? 매화반점이 철수에게 짜장면을 배달하지 않은 것은 첫째, 철수네 집까지 배달하지 않아도 충분히 최소 요구치를 충족할 수 있기 때문입니다. 둘째, 철수네 집은

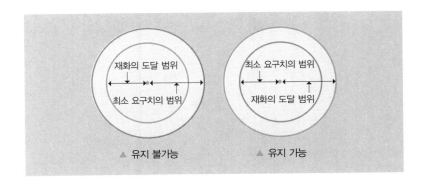

재화의 도달 범위
최소 요구치의 범위
▲ 유지 불가능

최소 요구치의 범위
재화의 도달 범위
▲ 유지 가능

너무 멀어서 매화반점의 재화의 도달 범위에 속하지 않기 때문입니다. 즉 매화반점의 입장에서 너무 먼 거리에 있는 철수네 집까지 배달하는 것은 시간과 비용이 많이 들어 오히려 손해이고, 그 시간에 가까운 곳에 배달하는 것이 더 이익이기 때문에 철수네 집까지 배달을 하지 않은 것입니다.

이러한 최소 요구치의 범위와 재화의 도달 범위는 업종에 따라 차이가 있습니다. 편의점과 백화점을 비교해 볼까요? 편의점과 백화점 중 운영하는 데 더 많은 비용이 드는 것은 당연히 백화점입니다. 더 많은 비용이 드는 백화점이 최소 요구치를 충족하기 위해서는 더 많은 매출을 올려야 하지요. 따라서 백화점은 편의점에 비해 최소 요구치의 범위가 클 수밖에 없습니다. 최소 요구치의 범위가 클 경우 순수

▲ 대도시에 위치한 대형 백화점

익을 얻기 위해선 당연히 재화의 도달 범위도 커야 합니다. 즉 백화점은 편의점에 비해 최소 요구치의 범위와 재화의 도달 범위가 모두 크게 나타나게 됩니다.

이런 이유로 같은 공간 안에서 더 많은 숫자의 점포가 분포할 수 있는 것은 최소 요구치의 범위와 재화의 도달 범위가 작은 편의점입니다. 실제로 편의점은 길을 걷다 보면 골목골목에서 쉽게 발견할 수 있는 반면, 백화점은 많은 사람이 찾을 수 있고 교통이 편리한 지점에 하나씩 있습니다. 이러한 현상은 초등학교와 대학교, 개인병원과 종합병원의 위치와도 관련이 있습니다. 지리학에서는 편의점, 초등학교, 개인병원 등을 저차 중심지로, 백화점, 대학교, 종합병원과 같은 곳을 고차 중심지로 분류하는데요. 대체로 고차 중심지는 저차 중심지에 비해 최소 요구치와 재화의 도달 범위가 큽니다. 그리고 저차 중심지는 고차 중심지보다 그 수가 많습니다.

이와 같이 최소 요구치의 범위와 재화의 도달 범위는 점포들의 분포, 점포간 거리, 점포의 수와 높은 상관관계를 가지고 있습니다. 따라서 어떤 점포를 운영하고자 한다면 최소 요구치의 범위는 충족할 수 있는지, 재화의 도달 범위는 어디까지가 될지, 주변에 비슷한 업종이 분포하고 있지는 않은지 등 다양한 것들을 꼼꼼히 살펴야 합니다.

작은 가게를 지켜야 하는 이유

대형 할인점과 백화점, 그리고 동네 슈퍼마켓 간에는 여러 가지 차이가 있습니다. 그런데 혹시 고객의 모습도 다르다고 느껴 본 적은 없나요?

백화점을 가 보면 한껏 멋을 부린 사람들을 종종 볼 수 있습니다. 하지만 대형 할인점이나 동네 슈퍼마켓을 이용하는 사람들의 모습은 사뭇 다릅니다. 백화점에 갈 때와 대형 할인점에 갈 때, 소비자들의 옷차림이 달라지는 것이지요. 왜 그럴까요?

그것은 아마도 백화점과 대형 할인점의 특징과도 관련이 있을 것입니다. 고급 인테리어로 치장된 백화점에서는 고급 브랜드 제품들을 많이 판매합니다. 한편 대형 할인점에서는 일상생활과 관련된 제품, 비교적 저렴한 가격의 제품들을 대량으로 판매합니다. 아마도 그러한 이유로 인해 대형 할인점을 찾을 때의 복장은 더 편한 차림이 되는 것이겠지요.

백화점과 대형 할인점은 입지에서도 차이를 보입니다. 백화점은 주로 교통이 편리해 많은 사람들이 모일 수 있는 도심이나 부도심에 주로 위치합니다. 이에 반해 대형 할인점은 넓은 매장과 주차 시설을 필요로 하기 때문에 주로 사람들이 많이 거주하는 도시 외곽의 주택 지역에 있습니다.

대형 할인점에 비해 백화점은 사람들이 자주 이용하지 않습니다. 지리학에서는 그 이유를 '저차 중심지가 고차 중심지에 비해 이용 빈

백화점 매장 내부(왼쪽)와 창고형 대형 할인점(오른쪽) ▲

도가 높다'라는 중심지 이론과 관련해 설명합니다. 동네 의원과 종합 병원도 비슷한 예입니다. 이용 빈도가 높은 동네 의원은 저차 중심지, 이용 빈도가 낮은 종합병원은 고차 중심지이지요.

그런데 고차 중심지인 백화점을 가 보면 특이한 점이 있습니다. 그것은 매장 어디에도 바깥을 볼 수 있는 창문이 없고, 식당과 각종 부대 시설(고객 센터) 등은 가장 높은 곳에 위치해 있다는 것이지요. 아마도 백화점을 찾는 손님들이 좀 더 쇼핑에 집중할 수 있도록 한 배려 (?)인지도 모르겠습니다.

최근 백화점과 대형 할인점의 발달로 점점 더 힘들어지는 상점도 있습니다. 바로 동네 귀퉁이에 자리 잡고 있는 구멍가게이지요. 경영 전략, 제품 가격, 서비스에 이르기까지 모든 면에서 대형 할인점과는 경쟁하기 힘든 곳입니다.

하지만 동네 구멍가게는 대형 할인점을 찾기 어려운 이들(독거노인과 장애인 등)에게는 없어서는 안 될 소중한 곳이기도 합니다. 또한 그곳은 동네 이야기들이 만들어지고 소통되는 곳, 사람 냄새를 느낄 수 있는 곳입니다. 빠른 속도로 변화하는 세상, 빠르게 소비되는 공간 속에서 점차 사라져 가는 구멍 없는 구멍가게를 지켜야 하는 이유는 무엇인지 한번 생각해 볼 필요가 있습니다. 구멍가게뿐 아니라 동네 빵집이나 서점 등 작은 가게와 그 가게를 운영하는 사람들, 그리고 작은 가게를 찾는 사람들이 활기를 잃지 않길 바랍니다.

왜 '충무김밥'일까?

고속도로 휴게소에서나 편의점에서 간단한 요깃거리로 사랑받고 있는 충무김밥을 아시죠? 근데 왜 이름이 '충무김밥' 일까요?

충무김밥은 지금의 통영에서 즐겨 먹던 김밥입니다. 통영의 과거 이름이 충무였기 때문에 충무김밥이라고 일컬어지게 됐지요. 충무라는 이름은 1955년 통영읍이 시로 승격될 때 이순신 장군의 시호인 충무공을 따서 붙인 것입니다. 통영이라는 지명은 경상, 전라, 충청 3도의 수군을 관할하던 삼도수군통제영이 이곳에 있던 것에서 유래합니다. 충무와 통영이라는 지명 모두 삼도수군통제사

충무김밥 ▲

三道水軍統制使를 지냈던 이순신 장군과 관련이 있는 것이지요.

충무김밥은 다른 김밥과 달리 시금치, 우엉, 달걀 등의 반찬을 넣지 않고 밥만 김에 싸서 오징어무침, 무김치와 따로 담아냅니다. 그런데 왜 통영에서 충무김밥이 만들어지기 시작했을까요?

우선 통영에서 충무김밥이 시작된 것은 이 지역의 지리적 위치와 관련이 있습니다. 통영은 예전에 육로 교통편이 발달하지 않았던 시절 부산과 여수 간 여객선이 다니던 뱃길의 중간 지점에 해당했습니다. 그래서 출발점이 부산이건 여수이건 통영항에 닿으면 점심때가 되었다고 합니다. 당시 뱃고동을 울리며 배가 들어오면, 김밥 장수들이 배에 올라

"김밥이요, 김밥!" 하며 김밥을 팔았다고 합니다. 지금도 거북선이 정박해 있는 강구안을 따라서 서로 원조임을 내세우는 충무김밥집이 길게 이어져 있습니다.

다음으로 충무김밥의 조리법이 일반적인 김밥과 다른 것은 이 지역의 기후와 지형적 특색 때문입니다. 통영은 우리나라의 남단에 위치한 곳으로 여름철 기온이 높습니다. 그래서 김밥이 쉽게 상할 수 있었기에 김밥과 반찬을 따로 만들어 팔았다고 합니다. 또 통영은 고성에서 남해안으로 돌출한 고성반도의 중남부와 자잘한 섬들로 이루어져 있어 평야가 없고, 해안에 약간의 평지가 있을 뿐입니다. 따라서 농사를 짓기에는 어려움이 많아 김밥의 재료가 되는 채소들이 풍부하지 않았습니다. 대신 통영, 거제의 멸치 어장에서 잡히던 주꾸미나 홍합을 무김치와 함께 대나무 꼬치에 끼워서 김밥과 함께 종이에 싸서 팔았습니다. 이 음식은 배도 채울 수 있고 맛도 좋아서 인기가 좋았다고 합니다. 그 이후에 도시 사람들의 입맛에 맞고 구하기도 쉬운 오징어가 주꾸미를 대신하면서 지금의 충무김밥이 된 것이지요.

지역적 특색과 깊은 관계가 있는 음식은 충무김밥 외에도 적지 않습니다. 우리가 여름에 즐겨 먹는 냉면은 원래 함경도와 평안도 음식입니다. 이곳은 산지가 많고 여름이 서늘하여 벼농사를 하기 어려운 곳입니다. 그래서 이곳에서는 주로 호밀을 재배했는데 이것을 맛있게 먹기 위해 개발한 것이 바로 냉면입니다. 한편 전라남도나 경상남도의 김치가 비교적 짠 것은 남쪽 지방일수록 날씨가 따뜻하여 쉽게 시어지지 않도록 염도를 높여 김치를 담그기 때문이지요.

이렇듯 우리 주위에서 쉽게 접할 수 있는 음식 하나에도 지리가, 선조들의 삶의 지혜가 녹아 있습니다. 전통 음식 하나를 먹을 때에도 거기에 담긴 지리적 의미를 생각해 보면 재밌지 않을까요?

편의점은 왜 1층에 있을까?

늦은 밤 대부분의 음식점이 문을 닫은 시간에도 언제든 야식을 사러 들를 수 있는 곳, 시간에 쫓기는 아침엔 간단히 식사를 해결할 수도 있는 곳, 또한 다양한 물건을 손쉽게 구매할 수 있는 곳은 어디일까요? 바로 편의점입니다. 그런데 편의점의 위치를 유심히 살펴보신 적이 있나요? 편의점은 대부분 건물 1층에 위치하고 있습니다.

건물 1층에 위치한 편의점 ▲

▲ 2층과 3층에 학원이 위치해 있는 건물

그래서 계단을 오르거나 엘리베이터를 타지 않아도 길을 지나다 손쉽게 편의점을 이용할 수 있지요. 약국이나 빵집도 마찬가지입니다. 이러한 업종들은 대부분 건물의 1층에 위치하고 있습니다.

반면에 PC방은 어떤가요? 1층에 있는 PC방을 본 적이 있나요? 아마 기억을 더듬어 보면 PC방을 이용할 때 늘 지하로 내려가거나 계단을 이용해서 위층으로 올라가셨을 겁니다. 많은 학생들이 다니는 학원들도 마찬가지입니다. 대부분의 학원이 2층 이상에 위치하지요. 이 외에 개인병원이나 헬스클럽, 태권도 학원 등도 1층에 있는 경우는 별로 없습니다.

층별로 업종이 다른 이유

왜 이렇게 층별로 들어오는 업종이 다른 걸까요? 여러 가지 이유가 있겠지만 '얼마나 쉽게 찾아갈 수 있느냐'를 고려하는 정도가 업종별로 다르기 때문입니다. 건물의 모든 층에서 사람들이 가장 쉽게 찾아갈 수 있는 곳은 어디일까요? 당연히 1층이겠지요. 어떤 업종이든 사람들이 쉽게 찾아오면 판매가 잘 이뤄질 것입니다. 그래서 1층을 차지하기 위한 경쟁이 일어나게 되고 자연히 1층의 임대료가 가장 비싸집니다. 이로 인해 비싼 임대료를 감당하고서라도 1층에 위치하길 원하는 업종은 1층에, 군이 1층에 위치하지 않아도 크게 상관없는 업종들은 1층이 아닌 곳에 위치하게 됩니다.

그렇다면 어떤 특징을 갖는 업종들이 비싼 임대료를 감당하고서라도 1층에 위치하고자 할까요? 업종의 위치는 소비자의 구매 행태에 따라 달라집니다. 예를 들어 편의점의 경우 '나는 반드시 그 편의점에 갈 거야!'라는 생각으로 특정한 점포를 방문하기보다는 무언가 살것이 있을 때 눈에 잘 띄고 가까운 곳을 이용하는 사람들이 대다수지요. 따라서 편의점은 사람들 눈에 잘 띄는 1층에 있어야 높은 매출을 올릴 수가 있습니다. 만약 2층에 위치한다면 사람들이 귀찮아서 잘 찾지 않겠지요.

층별 업종은 소비자들이 점포를 이용하는 시간과도 관련이 있습니다. 일반적으로 건물 1층에는 소비자들이 점포에 머무는 시간이 짧은 업종이 들어섭니다. 대표적으로 편의점, 약국 등은 소비자들이 점포에 머무는 시간이 짧은 업종입니다. 이러한 업종들이 1층이 아니라 2층이나 3층에 위치한다면 점포를 이용하는 시간보다 점포까지 이동하는 데 소요되는 시간이 더 길어질 수도 있습니다. 따라서 편의점이나 약국은 1층에 위치해야 더 많은 사람들이 찾을 수 있습니다.

또한 소비자로 하여금 구매욕을 불러일으킬 수 있는 업종이 1층에 위치하는 경우가 많습니다. 가령 목이 마른 사람이 길을 지나다 편의점을 발견하게 되면 '음료수나 하나 사 마실까?'라는 생각으로 편의점을 방문할 수 있겠지요. 반드시 가야 한다는 생각이 없더라도 편의점을 보면서 문득 가고 싶은 생각이 드는 것입니다. 빵집도 마찬가지입니다. 1층에 위치해야만 빵 굽는 냄새를 맡은 소비자가 맛있게 진열된 빵을 보면서 구매의욕을 키울 수 있는 것이지요.

이와 같이 편의점이나 빵집, 약국 같은 상점은 소비자들이 비목적적으로 방문하거나 짧게 머무르는 곳, 소비자들의 구매의욕을 불러일으킬수록 매출이 많은 곳입니다. 따라서 이러한 업종들은 비싼 임대료를 지불하더라도 가급적 1층에 위치해야 높은 수익을 얻을 수 있습니다.

반면 학원이나 헬스장의 경우는 이와는 조금 다릅니다. 학원이나 헬스장은 지나가다가 들르는 곳이 아니라 자신이 원하는 특정 점포를 찾아가는 경우가 대부분입니다. 또한 한번 등록을 하게 되면 아무리 높은 곳에 위치하더라도 등록 기간 동안에는 반드시 방문해야 하는 곳이지요. 또한 한번 방문 시에 점포에 머무르는 시간이 긴 곳들입니다. 개인병원도 마찬가지입니다. 지나가다가 병원을 보고 '아! 병원에 좀 가볼까?' 하는 경우는 거의 없지요. 어딘가 아플 때 집 근처, 혹은 잘 아는 병원을 방문하여 진찰을 받는 경우가 대부분입니다. 즉 이런 업종들은 소비자들이 목적의식을 갖고 원하는 곳을 찾아 방문하는 편입니다. 또 소비자들이 점포에 머무르는 시간이 긴 업종들이기도 합니다. 굳이 1층에 위치하지 않더라도 많은 소비자들이 찾아오는 곳이므로 굳이 비싼 임대료를 지불하면서까지 1층에 위치할 필요가 없는 업종들이지요.

도시 전체적으로 보더라도 이와 같은 현상은 쉽게 관찰할 수 있습니다. 층에 따라 업종에 차이가 나타나는 이러한 현상을 '수직적 분화' 라고 합니다. 도시는 평면적으로도 지역에 따라 서로 다른 모습을 갖지만 높이에 따라 수직적으로도 여러 가지 모습을 갖습니다. 다음번에 거리를 걸으면서 높은 건물들에 층별로 입지한 업종들을 하나씩 살펴보는 것은 어떨까요? 도시의 새로운 모습을 볼 수 있는 재밌는 일이 될 것입니다.

우리나라의 인구정책은
왜 실패했을까?

　　'낳을수록 희망 가득, 기를수록 행복 가득' 이란 문구를 들어 보셨나요? 최근 정부에서 내놓은 인구 정책의 표어입니다. 여러 가지 이유로 출산율이 급격하게 낮아지면서 최근 정부에서 내놓는 인구정책의 핵심은 출산장려입니다. 이에 비해 1960년대 인구정책의 방향은 정반대였습니다. 1960년대는 인구가 급격하게 증가하여 출산율을 낮추는 것이 무엇보다 중요했던 시기였지요. 그러니까 불과 50여 년 만에 우리나라의 인구정책은 전혀 다른 모습으로 탈바꿈한 것입니다.

▲ 1965년에 발행된 가족 계획의 달 기념 우표(출처: 국가기록원)

언제는 낳지 말라면서요?

6·25 전쟁이 끝난 직후, 우리나라의 인구는 급격하게 증가하기 시작했습니다. 사회경제적 상황이 호전되면서 생활환경이 개선되었고, 많은 사람들이 전쟁 통에 붕괴되었던 가족의 모습을 되찾고자 노력했기 때문입니다. 이와 같이 전쟁이나 불경기가 끝난 직후에 인구가 급격하게 증가하는 현상을 '베이비붐baby boom'이라 하고, 이 당시에 태어난 사람들을 베이비붐 세대라고 부릅니다.

그런데 인구가 급격하게 늘어나면서 사회적으로 인구 부양에 대한 부담은 증가하고 식량과 각종 사회 시설들은 부족해졌습니다. 그래서 이 시기에는 '적게 낳아 잘 기르자', '하나씩만 낳아도 삼천리는 초

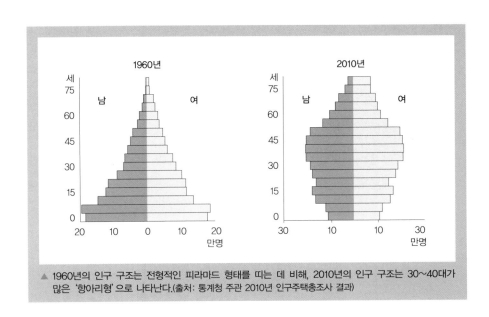

▲ 1960년의 인구 구조는 전형적인 피라미드 형태를 띠는 데 비해, 2010년의 인구 구조는 30~40대가 많은 '항아리형'으로 나타난다.(출처: 통계청 주관 2010년 인구주택총조사 결과)

만원', '덮어놓고 낳다 보면 거지꼴을 못 면한다' 등과 같이 출산율을 낮추기 위한 표어들이 줄줄이 등장했습니다.

베이비붐 세대의 급격한 인구 증가는 자녀 세대에도 큰 영향을 끼치게 되었습니다. 베이비붐 세대의 인구가 많다 보니 이들이 낳은 자녀들의 숫자도 역시 많을 수밖에 없었습니다. 이 자녀들이 바로 베이비붐 2세대이며, 베이비붐 에코세대라고도 불리는 이들입니다. 1979년에서 1983년에 걸쳐 태어난 이들의 수는 특히 많다고 합니다. 이들은 초등학교 시절부터 한 반에 60명이 넘는 교실에서 생활해야 했습니다. 학생 수가 많다 보니 사상 최대의 입시지옥을 겪기도 했습니다. 이뿐만이 아니라 이들이 대학을 졸업할 즈음에는 '이태백(20대 태반이 백수)'이라는 신조어까지 등장할 정도로 청년실업률이 급증했습니다.

정부의 지속적인 산아제한정책으로 1970년대 들어 출산율과 인구 증가율은 조금씩 낮아지게 되었지만 성비 불균형이라는 또 다른 문제가 생겨났습니다. 현재는 많이 변화하고 있지만 우리나라는 전통적으로 유교의 영향을 받은 가부장적 사회이기 때문에 남자가 가문을 이어 가야 한다는 인식이 사회적으로 오랫동안 팽배해 있었지요. 따라서 출산율이 떨어진 때에도 많은 사람들이 상대적으로 남자아이를 선호했고 이로 인해 성비 불균형 문제가 나타나게 된 것입니다. 그리하여 정부는 성비 불균형 해소를 목표로 하는 인구정책을 실시하게 됩니다. '잘 키운 딸 하나, 열 아들 안 부럽다', '아들 바람 부모 세대 짝꿍 없는 우리 세대', '딸, 아들 구별 말고 둘만 낳아 잘 키우자'와

시대에 따라 다른 인구정책이 담긴 포스터들(출처: 국가기록원) ▲

같은 표어가 바로 이 시기에 나온 것들입니다.

　정부의 지속적인 산아제한정책으로 출산율이 점점 감소하긴 했지만 1980년대에도 출산율은 여전히 높은 수준을 유지하였습니다. 지속적인 정책에도 인구 증가율이 여전히 높은 수준을 유지하자 정부는 하나만 낳아 잘 기르자는 캠페인을 펼치기 시작했습니다. '둘도 많다', '하나 낳아 알뜰살뜰', '축복 속에 자녀 하나 사랑으로 튼튼하게' 등이 이 당시에 등장했던 표어들입니다.

낮아져도 너무 낮아진 출산율

　2000년대 들어서면서 상황이 급변하였습니다. 여성의 사회 진출이 증가하고 양육비 부담이 증가함에 따라 출산율이 급격하게 떨어지기 시작한 것이지요. 2000년대 들어 합계 출산율이 1.0명 가까이 가파르게 떨어지면서 정부는 도리어 지나친 출산율 감소를 걱정해야 될 상황에 처했습니다. 특히 2002년 세계적 저출산 국가 일본의 출산율보다 한국의 출산율이 더 낮다는 사실이 알려진 것이 중요한 계기가 되었습니다.

결국 정부는 '아빠! 하나는 싫어요, 엄마! 저도 동생을 갖고 싶어요'라는 표어를 만들며 기존의 산아제한정책을 포기하고 출산장려 메시지를 내놓기 시작하였습니다. 정부는 세계 최저 수준의 저출산 위기에 대한 범국민 공감대를 형성하고 출산에 대한 긍정적 인식을 통해 출산을 장려하고자 했습니다. 그래서 '가가호호 아이 둘 셋, 하하호호 희망 한국', '두 자녀는 행복, 세 자녀는 희망'과 같은 표어들도 지속적으로 내놓았습니다. 하지만 출산율은 여전히 낮은 수준에 머무르고 있습니다.

사실 정부의 인구정책은 어떻게 보면 성공적이었을지도 모릅니다. 지속적으로 산아제한정책을 추진하면서 출산율을 낮추고자 노력해 왔고, 실제로도 출산율을 낮추는 데 성공했으니 말이지요. 하지만 낮추어도 너무 낮추었다는 것이 문제였습니다. 인구정책은 보다 장기적인 관점에서 추진되어야 하는 것입니다. 그럼에도 불구하고 너무 눈앞의 성과에 급급하여 정책을 추진한 것이 위기를 자초하였고 이제는 오히려 출산율을 높이기 위해 노력해야 하는 상황이 되어 버렸습니다.

인구는 국가의 근본이며 국가 발전을 위한 필수동력입니다. 국가의 지속적인 발전을 위해서, 그리고 지난날 인구정책의 과오를 해결하기 위해서 앞으로는 장기적인 관점에서 인구정책을 펼쳐야 할 것입니다.

3부

우리 땅과
환경

환경과 과학이
지리를 만나다

우리는 정작 우리가 살아가고 있는 공간에 대해 얼마나 알고 있을까? 지역에 따라 어떤 지형이 나타나는지, 어떤 동식물이 어디서 자라는지 궁금해하면서도 알아볼 기회는 그리 흔치 않다. 3부 '우리 땅과 환경'은 우리 땅의 생물, 환경, 지형에 관한 지식을 흥미롭고 알기 쉽게 전달한다. 이제 지구의 역사에 따라 변화해온 한반도의 모양, 육지와 바다 그리고 하천의 식생, 바위와 동굴에 관한 지식 등이 흥미로운 과학상식과 함께 펼쳐진다.

'뻘짓'하는 것은 누구일까?

'뻘짓하다' 라는 표현을 아시나요? '뻘짓' 은 전라도 지방의 사투리로 '허튼 짓', '쓸데없는 짓' 이라는 뜻입니다. 즉 '뻘짓하다' 라는 표현은 아무 보람도 없고 쓸모없는 행동을 했다는 말이지요.

'뻘짓' 이라는 말은 '뻘에서 하는 짓' 에서 유래했다는 설도 있습니다. 뻘은 '개흙' 의 방언이지요. 개흙이 깔린 갯벌에서는 무슨 행동을 하든 밀물이 들면 무용지물이 될 테니까, 뻘에서 하는 짓은 쓸데없는 행동을 뜻한다고 보는 것입니다. 그 유래가 확실하게 맞는 것인지는 알 수 없지만 전라도에 갯벌이 많은 것을 생각해 보면 그럴듯해 보이기도 합니다.

질문 있어요! 왜 동해에는 조수간만의 차가 없나요?

아니에요, 동해에도 조수간만의 차가 있어요. 달이 한반도 주변의 바닷물을 당기는 힘은 공평하거든요. 동해의 조차를 언급하지 않는 이유는 수심 때문입니다. 서해는 수심이 평균 44미터로 얕은 편이지만, 동해의 수심은 평균 1천 500미터 이상으로 매우 깊거든요. 따라서 같은 힘으로 바닷물을 끌었을 때 높낮이의 차이가 큰 서해에 비해 물의 양이 많은 동해에서는 거의 차이를 느끼지 못하는 것이에요.

갯벌은 밀물 때는 물에 잠기고 썰물 때는 육지로 드러나는 평평한 해안 퇴적 지형입니다. 갯벌은 흔히 조차가 클수록 잘 발달한다고 알려져 있지만, 사실 갯벌은 하천과 조류의 합동 작전으로 만들어집니다. 동해로 흐르는 하천은 유로가 짧고 경사가 급해 많은 모래를 운반합니다. 반면 서해안의 하천은 유로가 길어 모래 외에 입자가 작은 점토도 많이 운반하는 편이지요.

하천에 의해 운반된 모래, 점토 등은 바다에 맞닿은 하류에 쌓이고 썰물이 되면 조류와 함께 바다로 운반됩니다. 이때 무거운 것은 하구나 가까운 해안에 퇴적되지만, 점토처럼 입자가 작고 가벼운 것은 조류와 함께 이동하다가 밀물 때 다시 해안가로 운반되어 파도가 잔잔한 곳에 퇴적됩니다. 파도가 잔잔한 곳은 육지 쪽으로 우묵하게 들어간 만灣이나 섬으로 가로막혀져 있는 곳이지요. 따라서 긴 유로의 하천이 있고 만과 섬이 많으며 조차가 큰 서해안에 갯벌이 넓게 발달하는 것입니다.[4]

> 4 갯벌의 형태는 진흙으로 이루어진 진흙 갯벌이 대표적이지만, 그 외에도 모래 갯벌, 모래와 뻘이 섞여 있는 갯벌 등도 있다.

우리나라 서해안과 남해안에 분포하는 갯벌의 면적은 전체 국토 면적의 약 2.5%에 해당합니다. 서해안에 분포하는 갯벌은 우리나라 전체 갯벌 면적의 약 83%이지요. 특히 경기만 일대와 전라남도 신안군 일대에 갯벌이 넓게 발달해 있습니다.

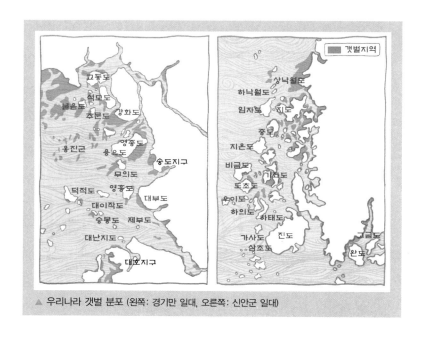

▲ 우리나라 갯벌 분포 (왼쪽: 경기만 일대, 오른쪽: 신안군 일대)

갯벌의 신비로운 역할

그럼 이번에는 갯벌의 역할에 대해 알아볼까요? 갯벌은 얼핏 보면 그저 거무칙칙한 진흙땅, 이따금 새들이나 앉았다 가는 땅처럼 보일지 모릅니다. 하지만 알고 보면 인간과 자연에게 엄청난 가치를 가져다주는 보물창고입니다. 밀물과 썰물이 드나드는 갯벌은 영양염류가 풍부하고 유기물질이 많아 다양한 생물의 삶터로 이용되고 있거든요. 우리나라 서해안 갯벌에 서식하는 어류는 망둥어, 넙치를 비롯하여 약 230종입니다. 게류는 190여 종, 조개류는 50여 종, 새우류도 70여

종이나 된다고 합니다.

칼국수 국물을 시원하게 만드는 바지락, 쫄깃한 꼬막, 입맛을 살려 주는 낙지는 모두 갯벌에서 얻을 수 있는 것들입니다. 이런 생물들은 오래전부터 사람들이 양식하거나 채취하는 대상이 되어 왔지요. 따로 농경지가 없는 사람이라도 갯벌에서는 허리 숙여 일하는 만큼 소득을 올릴 수 있으니 어민들에게 갯벌은 경제적 가치가 대단한 삶의 터전 입니다. 환경부의 연구에서도 갯벌이 농경지보다 3.3배 이상의 생산 성을 지닌다는 결과를 내놓은 적이 있거든요.

갯벌이 가지고 있는 신비로운 역할 중 다른 하나는 이미 잘 알려진 대로 오염 정화 기능을 꼽을 수 있습니다. 이에 얽힌 이야기를 하기 위해서는 뭐니 뭐니 해도 갯지렁이의 활약을 빼놓을 수가 없지요. 아 래 사진을 보세요. 징그러운가요? 갯지렁이는 쉬지 않고 꿈틀대며 온 몸으로 뻘 속에 구멍을 뚫고 다닙니다. 그러면서 흙 속의 유기물을 먹 고 사는 것이지요. 이렇게 갯지렁이가 땅속 깊숙이 파 놓은 구멍으로

흰이빨참갯지렁이 ▶
(ⓒ여상경)

공기와 바닷물이 들락날락하면서 갯벌은 산소가 풍부한 땅이 될 수 있습니다. 이렇게 산소가 풍부한 땅에서는 박테리아와 같은 미생물의 활동이 매우 활발해집니다.

박테리아 같은 미생물의 역할 또한 무척 중요합니다. 가로, 세로가 1센티미터인 갯벌 안에는 1억 개가 넘는 미생물이 살고 있다고 하는데요. 오염된 채로 바다 앞까지 흘러온 강물이 갯벌을 지날 때에는 깨끗해진다고 합니다. 갯벌 속에 살고 있는 박테리아들이 강물 속의 유기물질을 분해시켜 깨끗하게 만들어 주는 것이지요. 갯벌에 구멍을 파고 사는 생물은 갯지렁이 외에도 게, 조개, 고둥 등이 있습니다. 이렇게 다양한 생물이 살고 있는 갯벌은 오염된 강물을 정화시켜 주는 '자연의 정화조', '바다의 콩팥' 같은 기능을 합니다. 실험에 의하면 갯벌 10제곱킬로미터(km^2)에 있는 미생물이 오염 물질을 분해하는 능력은 인구 10만 명 규모 도시의 하수 종말 처리장 1개의 처리 능력과 비슷하다고 해요.

갯벌은 또한 그 자체로 경제적인 이익을 가져다주기도 합니다. 여러분들은 충청남도 대천해수욕장에서 열리는 '보령머드축제'에 대해 들어 본 적이 있나요? 보령의 명물 '머드(진흙)'를 이용하여 마사지와 각종 놀이를 즐길 수 있는 체험형 축제이지요. 1998년부터 매년 7월에 개최되고 있는데요. 미끄러운 머드 위에서 게임을 즐기는 재미도 특별하지만, 머드의 피부 미용 효과가 뛰어나다고 알려지면서 외국인들에게 폭발적인 인기를 얻고 있습니다. 보령을 찾는 외국인 관광객 수는 해마다 꾸준히 증가하여 보령머드축제는 국내에서 가장 성공한 지역 축제가 되었습니다. 머드를 이용한 화장품, 비누, 샴푸, 치약 등의 제품도 높은 매출을 올리고 있다고 전해지고요.

또 하나 중요한 것은 시베리아와 동남아시아를 규칙적으로 이동하는 철새들에게 우리나라 서해안 갯벌이 중요한 중간 휴식처라는 것입니다. 수많은 도요새류, 물떼새류가 갯벌에서 한 철을 보내며 기운을 얻고 번식도 하지요. 특히 우리나라 갯벌은 세계적으로 멸종 위기에 있는 새들이 머물렀다 가는 것으로도 유명합니다. 예를 들어 전 세계에 약 4천 마리뿐인 검은머리갈매기 중 1천 500여 마리가 우리나라 갯벌에서 겨울을 나고 있습니다.

이 외에도 갯벌은 홍수나 빗물을 흡수하여 일시적으로 저장하는 역할을 합니다. 많은 양의 물을 저장하였다가 이후에 천천히 내보내기 때문에 순간적으로 수위가 올라가는 것을 막아 주는 효과가 있지요. 또 태풍이나 해일이 발생하면 갯벌이 이를 일차적으로 흡수하고 완화시켜 주는 역할도 합니다. 육지 지역에 대한 피해를 감소시키는 완충 작용을 하는 것이지요. 이처럼 갯벌이 가진 경제적, 생태적 가치는 실로 어마어마합니다.

간척 사업은 꼭 해야 할까?

이렇게 중요한 갯벌이 과거에는 쓸모없는 땅으로 여겨지기도 했습니다. 그리하여 대규모 간척 사업을 벌여 갯벌을 육지로 만들기도 했습니다. 이렇게 생긴 새로운 땅은 농경지나 공장 용지 등으로 활용했지요. 우리나라가 그동안 간척사업으로 확보한 땅은 약 27만 3,083헥타르(ha)로 추정되는데, 인천국제공항이나 송도 신도시도 모두 갯벌 위에 세워진 것입니다.

지금도 우리나라의 간척사업은 진행 중입니다. 군산과 김제, 부안을 잇는 드넓은 갯벌을 메우는 '새만금 간척사업'은 1991년에 착공을 시작한 이래 20여 년 동안 국민적인 관심사였습니다. 여의도의 140배에 달하는 용지를 새로이 조성하게 되는 이 간척사업은 만경강, 동진강 하구 갯벌의 중요성을 알리고 수질 오염의 심각성을 지적하는 환경단체들의 거센 반대에 부딪혔습니다. 하지만 결국 2006년에 대법원의 공사 재개 판결이 나면서 현재 2020년 완공을 목표로 간척사업이 진행되고 있습니다.

최근 세계 각국은 갯벌의 경제적, 생태적 가치에 주목하면서 갯벌을 보전하려 노력하고 있답니다. 북해 연안국인 독일, 네덜란드, 덴마크는 유럽 최대의 갯벌인 바덴해Wadden Sea의 갯벌을 보호하기 위해 1978년부터 협정을 맺고 간척사업을 중단했습니다. 이어 독일은 1986년에 나라 안의 모든 갯벌을 국립공원으로 지정하여 보존에 힘쓰고 있지요.

이미 간척사업이 이루어진 갯벌을 다시 갯벌로 복원하는 역간척사업을 추진하는 나라들도 있습니다. 네덜란드를 예로 들 수 있는데요. 육지의 4분의 1이 바다보다 낮은 네덜란드에서는 1935년부터 방조제 건설과 간척지 조성 등으로 갯벌이 많이 감소했다고 합니다. 그런데

2001년부터는 방조제를 부수고 바닷물이 드나들도록 하면서 20군데가 넘는 지역의 갯벌을 원래대로 되돌리고 있습니다. 미국에서도 갯벌을 건강하게 복원하려는 노력이 한창입니다. 미국은 2005년부터 약 30억 달러를 투자하여 1만 4천 570제곱킬로미터의 갯벌을 복원하는가 하면, 루이지애나 연안의 사라진 갯벌을 다시 조성하기 위해 약 13억 달러를 투입한다고 합니다. 이웃나라인 일본도 1980년대부터 복원 사업을 추진하며 갯벌을 되살리는 노력을 하고 있습니다.

우리나라는 1997년에 국제적인 습지 보호에 관한 람사르 협약에 가입한 후 무안 갯벌, 진도 갯벌, 순천만 갯벌 등 8개 지역을 습지 보존 구역으로 지정하여 관리하고 있습니다. 또한 2009년에는 제방을 쌓아 양식장으로 이용되었던 전라북도 고창군 갯벌과 폐염전으로 방치되었던 전라남도 순천시의 갯벌을 복원하는 사업도 계획하여, 현재 추진 중입니다. 이는 훼손되거나 방치된 간척지를 다시 갯벌로 돌리는 우리나라의 첫 번째 역간척사업이라고 할 수 있습니다.

갯벌의 역할과 가치에 대해 제대로 안다면 '뻘이 하는 짓'은 결코 '뻘짓'이 아니라는 것도 알 수 있겠지요? 무분별한 개발이 진짜 '뻘짓'이 될 수 있다는 것도 잊지 마세요!

남해안에는 왜
동백나무가 많을까?

혹시 우리나라 바다에 국립공원이 있다는 것을 아시나요? 태안해안국립공원, 다도해국립공원, 한려해상국립공원, 이렇게 세 곳이 바다에 있는 국립공원입니다. 그중 한려해상국립공원이 시작되는 곳이 바로 지심도입니다. 많은 사람들이 한려해상국립공원을 한산도에서 여수에 이르는 수역으로 알고 있습니다. 하지만 정확하게 한려해상국립공원이 시작되는 곳은 한산도가 아닌 지심도입니다. 지금부터 제가 몇 해 전에 학생들과 답사한 적이 있는 지심도로 함께 가 볼까요?

지심도는 한자로 다만 '지只', 마음 '심心', 섬 '도島'를 씁니다. 이곳은 하늘에서 보면 섬의 형태

▲ 거제도 장승포항과 지심도를 오가는 유람선의 모습

가 마음 '심' 자 같다고 해서 '지심도'라는 이름이 붙여졌다고 합니다. 이곳은 누군가에게는 '동백섬'으로 알려졌는데요. 온화한 풍광이 동백꽃의 꽃말인 '고결한 사랑, 영원한 사랑, 겸손한 마음'과 어울리는 곳이기도 합니다.

지심도의 해안을 따라 걸으면…

이곳은 〈1박 2일〉이라는 TV 프로그램에 의해 사람들에게 알려지기 시작하면서, 많은 이들이 찾고 있다고 합니다. 그런데 그 프로그램의 출연진 중 한 명이 "왜 우리나라 섬에는 동백꽃이 많을까?"라는 질문을 하는 장면을 보았습니다. 그 질문은 지리 교사의 입장에서 본다면 이렇게 바꾸어야 합니다. '우리나라 남해안에는 왜 동백나무가 많을까? 지심도에는 어떻게 이렇게 큰 동백나무가 있을까?'

동백나무는 최한월 평균기온(연중 월평균 기온이 가장 낮은 달의 평균 기온)이 0도 이상인 지역에서 자생하는 난대성 수종으로, 겨울에도 잎이 떨어지지 않는 상록활엽수에 속합니다. 그래서 우리나라에서 동백나무는 동장군이 맹위를 떨치는 겨울에도 월 평균 기

▲ 지심도의 동백나무 숲길. 이곳의 동백나무 군락은 자연적인 터널을 만들어 하늘을 가릴 정도이다.

온이 0도 이상인 남해안에 많이 분포합니다.

이러한 원시림 형태의 동백나무 숲이 지심도에 남아 있는 것은 이 섬의 역사와도 관련이 있습니다. 지심도는 우리나라에서 일본 대마도와 가장 가까운 섬입니다. 즉, 지정학적으로 매우 중요하다 할 수 있는 대한해협의 한가운데 위치하고 있습니다. 그래서 지심도는 일제 강점기에 일본 해군의 요새 역할을 했습니다. 지금도 포대의 흔적과 지하 방공호, 탄약 창고, 비행장터 등의 역사적 흔적이 남아 있지요. 이러한 역사는 오랫동안 일반인들의 출입을 어렵게 하여 동백나무와 대나무, 해송의 군락이 잘 보존될 수 있게 해 주었습니다.

섬의 해안을 따라 난 길을 걷다 보면, 섬의 끝 부분에 위치한 '마 끝'이라는 곳에 도착하게 됩니다. 이곳에서는 고목이 된 해송을 볼 수 있습니다. 본래 이곳은 해송 군락지였는데, 2003년 태풍 '매미'로 피해를 입어 해송은 고목이 되었다고 합니다. 놀라운 사실은 파도에 살아남은 땅속의 뿌리가 어린 해송을 다시 키워 낸 것입니다. 자연은

▲ 한반도 항공기가 이착륙한 적이 없다는 비행장터 ▲ 마끝의 해송

때로는 성난 모습으로 모든 것을 삼켜 버리기도 하지만, 이렇게 또 다른 생명을 키우기도 합니다.

한편 마끝에서 외해 쪽으로 향한 해안 절벽과 거제도 방향의 내해 쪽으로는 식생(어떤 일정한 장소에서 모여 사는 특유한 식물의 집단)이 자라는 부분에 차이가 있습니다. 파도가 세게 치는 외해 쪽으로는 식생이 자라는 고도가 해수면으로부터 높은 곳에 위치해 있고, 내해 쪽으로는 바다와 가까운 곳까지 식생이 자라고 있습니다. 이것은 파도가 외해 쪽으로는 강하게 치고 내륙 쪽에서는 약해지는 것과 관련이 있지요.

동백나무와 후박나무 등이 만든 오솔길 터널과 그 잎이 만들어 놓은 양탄자 같은 길 위를 걷다 보면, 마침내 맹종대나무 군락을 만나게 됩니다. 담양 죽세원의 대나무보다도 더 굵게 뻗은 모습에서 바닷바람을 맞고 자란 대나무의 강건한 특성을 직접적으로 알 수 있습니다.

▲ 지심도는 굵고 키가 큰 대나무인 맹종대나무의 첫 재배지이다. 맹종 죽순 전국 생산량의 80~90%가 이곳에서 난다고 한다.

우리 땅을 올바르게 가꾸려는 마음

절벽 아래 가파른 기암절벽 해안은 에메랄드빛 바다와 어우러져 황

▲ 외해와 접하고 있는 곳은 파도에 의한 침식 작용이 활발하여 가파른 절벽을 이루고 있다.

홀한 절경을 이룹니다. 섬에서 보는 거제 앞바다는 이국적인 풍광을 연출합니다. 외해에 닿아 있는 지심도는 파랑에 의한 침식 작용이 활발하기 때문에 깎아지르는 절벽이 나타납니다. 거제도를 바라보는 내해에는 조그만 몽돌해수욕장이 있는데, 이는 외해에 비해 파도의 영향이 적기 때문에 생긴 것입니다.

지심도는 조선시대 때부터 우리 조상들의 소중한 삶의 터전이었지만, 일본군이 1937년 주민들을 강제로 이주시킨 뒤 군사 기지로 쓰였습니다. 그리고 광복 이후 다시 주민들이 들어와 소박한 삶을 살고 있지요. 지금은 많은 관광객이 찾아와 이곳도 개발의 움직임을 보이고 있는데요. 전시관을 세우고 식물원에 조각 공원도 조성해 거제도의 외도와 같은 관광지로 개발할 예정이라고 합니다.

걱정스러운 것은 개발을 통해 얻게 되는 경제적 이익 때문에 포기해야 하는 것 또한 많다는 점입니다. 우리가 후손들에게 물려주어야 할 것은 '하늘을 닮은 지심도'입니다. 학생들과 함께 지심도를 떠나며 '하늘을 닮은 마음이 우리의 국토를 올바르게 가꾸어 갈 수 있을 텐데' 하는 생각이 들어 발걸음이 무거워졌습니다.

한국에도 할리우드가 있다?

'할리우드' 하면 여러분은 무엇을 떠올리시나요? 블록버스터급 영화? 아니면 로스엔젤레스에 위치한 산 중턱에 걸려 있는 'HOLLYWOOD'라는 글자판? 어떤 친구들은 할리우드에서 열리는 아카데미 시상식을 떠올릴지도 모르겠네요.

흔히 할리우드라고 하면 '미국 LA에 있는 어떤 지역'이라고 생각하기 쉽습니다. 실제로 LA에서 가장 유명한 지역이 할리우드라고 할 수 있습니다. 세계적인 영화 산업의 중심지인 할리우드는 매년 많은 관광객이 찾고 있는 지역이지요. 그런데 또 다른 할리우드가 우리나라에도 있다고 합니다. 무슨 뜻일까요?

▲ 로스엔젤레스 지역에 있는 대형 간판 '할리우드 사인 Hollywood Sign'

호랑가시나무가 있는 곳

할리우드는 '할리나무 숲Holly Wood'이라고 풀어 말할 수도 있습니다. 우리는 '할리나무'를 호랑가시나무라고 부르지요. 호랑가시나무는 감탕나무과에 속하는 상록수입니다. 전 세계에 약 300종이 분포되어 있는데 우리나라에는 약 5종이 자생하고 있답니다. 호랑가시나무는 높이 3~4미터까지 자라는데, 우리나라에는 주로 남부 지방의 바닷가나 제주도에 분포하고 있어요. 잎은 작고 약간 두꺼운 편인데 잎 끝이 날카로운 가시 모양을 하고 있습니다. 잎의 표면에는 광택이 있어서 햇빛을 받으면 반짝반짝 빛이 납니다. 9~10월에 지름 8~10밀리미터(㎜)의 붉고 둥근 열매가 열리는데 겨우내 나무에 달린 채로 있지요.

이쯤 되면 '아하' 하고 무릎을 치는 친구들이 있을지도 모르겠네요. '맞아, 나도 본 적이 있어' 하고 말입니다. 바로 이 호랑가시나무의 잎과 열매는 성탄절에 크리스마스트리를 장식하는 데 사용된다고 합니다. 최근에는 호랑가시나무를 본떠서 만든 인공 장식품이 더 많이 사용되지만요.

호랑가시나무라는 이름은 나뭇잎이 마치 호랑이 발톱처럼 생겼다고 하여 붙여졌다는 설이 있습니다. 잎에 달린 가시가 하도 단

▲ 호랑가시나무의 잎

▶ 전라북도 부안군 변산면 도청리 산 16번지의 호랑가시나무 군락지. 천연기념물 지정 구역은 2천 631세제곱미터(㎡)이다.

단하여 다른 나무의 가지에 붙은 가시보다 더 날카로운데요. 이 때문에 호랑이가 등이 가려울 때 이 나무의 잎에다 문질러 댄다 하여 호랑가시나무라고 불리게 되었다는 이야기도 있지요. 여러분도 한번 만져 보고 싶어지지 않나요?

호랑가시나무 군락은 우리나라 남부 지방 곳곳에서 볼 수 있습니다. 그중에서 가장 유명한 곳은 전라북도 부안군 변산면 도청리에 있는 호랑가시나무 군락지입니다. 이 군락지는 1962년에 천연기념물 제122호로 지정되어 보호되고 있지요. 30번 국도를 타고 변산읍내를 지나 줄포 쪽으로 가다 보면 길 왼쪽 편에 군락지가 있습니다. 이 외에도 부안군 하서면 구암리에는 10여 기의 커다란 고인돌이 모여 있는데, 이 고인돌 군 주변에도 대여섯 그루의 호랑가시나무가 있습니다. 도청리 호랑가시나무 군락지를 가는 길에 한 번쯤 들러 보면 좋은 구경을 할 수 있을 것입니다.

그런데 왜 호랑가시나무는 이곳에 모여서 자라고 있는 것일까요?

그에 대한 답을 찾기 위해서는 나무의 특성과 기후 조건을 함께 생각해 보아야 합니다. 나무를 비롯한 식물들은 각각 자신이 살아가기에 적합한 곳에 뿌리를 내리고 살아갑니다. 호랑가시나무와 같은 나무들은 기온이 낮은 곳에서는 살기 어려운 난대성 수종입니다. 난대성 수종은 우리나라 남해안 지방이나 제주도 등에서 볼 수 있습니다. 도청리의 군락지가 학술적으로 그 가치를 인정받아 천연기념물로 지정된 것은 여러 그루의 호랑가시나무가 밀집되어 있기 때문이기도 하지만, 무엇보다도 바로 이곳이 호랑가시나무가 자랄 수 있는 지역 중 가장 북쪽에 해당하기 때문입니다.

호랑가시나무와 같은 난대성 수종에는 구실잣밤나무, 모밀잣밤나무, 녹나무, 동백나무, 사철나무, 식나무, 후박나무, 붉가시나무 등이 있습니다. 이들은 모두 사시사철 푸르고 넓은 잎을 가진 상록수입니다. 도청리 호랑가시나무 군락지 주변에는 후박나무 군락지, 미선나무 군락지, 꽝꽝나무 군락지 등 다양한 상록활엽수 군락지가 분포하고 있습니다. 이들을 다 같이 한번 둘러보는 것도 재미있지 않을까요?

너도밤나무를 보려면 울릉도에 가야 한다

더 알아보기

　너도밤나무는 참나무과에 속하는 희귀식물로 우리나라에서는 울릉도에서만 자라는 활엽수입니다. 현재 한반도 본토에는 남아 있지 않은데요. 화석이 발견되는 것으로 보아 과거에는 있었지만 지금은 없어진 것으로 추정됩니다. 일본에도 너도밤나무가 있는데 이것은 울릉도의 너도밤나무와 조금 다른 종으로 알려져 있어 울릉도의 너도밤나무는 독자적으로 진화하고 있는 식물로 보입니다. 서울 홍릉수목원에도 몇 그루의 너도밤나무가 있지만 울릉도에서 옮겨다 심은 것이라고 전해집니다.

　그런데 이 나무의 이름은 왜 너도밤나무가 된 것일까요? 이와 관련해서는 재미있는 이야기가 전해져 내려오고 있습니다. 울릉도에 사람들이 살기 시작했을 무렵, 어느 날 산신령이 나타나 밤나무 100그루를 하룻밤 사이에 태하령이라는 곳에 심으라고 명령했다고 합니다. 밤나무를 다 심지 못하면 큰 벌을 주겠다는 말에 겁을 먹은 마을 사람들은 밤새도록 밤나무 100그루를 심었지요. 이튿날 산신령이 찾아와 밤나무를 다 심었느냐고 물었고, 마을 주민들은 그렇다고 대답했습니다. 산신령은 마을 사람들과 밤나무를 세어 보았습니다. 그런데 한 그루가 어디론가 사라지고 99그루밖에 남아 있지 않았습니다. 그때 마침 옆에 서 있던 나무가 "나도 밤나무요"라고 외쳤다고 합니다. 이를 들은 산신령이 "너도 밤나무냐?" 라고 묻자 그 나무는 "나도 밤나무요!"라고 다시 소리쳤다는 것입니다.

　지금도 울릉도의 태하령이라는 곳에는 너도밤나무가 군락을 이루면서 자라고 있는데요. 그렇다면 우리나라에서는 왜 울릉도에만 너도밤나무가 자라는 것일까요? 아마도 그 이유는 울릉도가 화산섬이라는 사실과 관련이 있을 것입니다. 울릉도는 신생대 제3기(약 6천 500만 년 전~200만 년 전)

▲ 너도밤나무는 참나무목 참나무과의 쌍떡잎식물이다. 잎은 달걀꼴 타원형이고 밑은 거의 둥글며 끝은 뾰족하고 물결 모양의 톱니가 있다.

에서 제4기(약 200만 년 전~현재) 초에 걸쳐 일어난 여러 차례의 화산작용으로 형성된 섬입니다. 바다 한복판에서 화산이 분출하여 높이가 약 3천 미터에 이르는 화산체가 형성된 것이죠. 그중 약 3분의 2가량은 바다 속에 잠겨 있고 약 3분의 1 정도가 바다 위에 올라와 있습니다. 그것이 바로 울릉도입니다.

화산이 분출하여 처음 섬이 형성되었을 때에는 어떠한 식물도 자랄 수 없었을 것입니다. 하지만 오랜 시간이 지나면서 바람이나 새에 의해 옮겨 온 씨앗들이 정착하여 자라면서 식생이 형성되었겠지요. 그러다 보니 울릉도에서는 한반도 본토와는 전혀 다른 식생을 볼 수 있습니다. 식물뿐만 아니라 동물들도 마찬가지입니다. 울릉도에서는 육지에서 볼 수 있는 너구리, 오소리, 족제비 등의 동물을 볼 수 없다고 합니다. 뿐만 아니라 울릉도에는 파리나 모기 같은 해충들도 없었다고 해요. 지금은 육지를 왕래하는 여객선에 의해 옮겨 온 것들이 살고 있기는 하지만 여전히 육지에 비해서는 적은 편이랍니다.

울릉도에는 향나무, 후박나무, 동백나무를 비롯해 650여 종의 다양한 식물이 자라는데, 그중에서 울릉도에서만 볼 수 있는 특산식물이 39종입니다. 특산식물 중에는 울릉도를 상징하는 '섬'이나 '울릉'이라는 글자가 붙은 것들이 많습니다. '섬피나무', '섬백리향', '울릉국화' 등이 대표적이죠. '섬피나무'는 피나무이긴 하지만 육지에서 보는 것과는 특성이 다르기 때문에 붙여진 이름입니다. '섬백리향'도 육지의 백리향과는 다르다는 뜻이고요.

▲ 나리 분지에서 성인봉을 올라가는 길에 볼 수 있는 섬백리향

울릉도에는 또한 6종의 천연기념물이 있습니다. 남양리의 '통구미 향나무 자생지', 태하리의 '대풍감 향나무 자생지', 태하리의 '솔송나무·섬잣나무·너도밤나무 군락' 등이 대표적이지요. 이쯤 되면 울릉도 전체가 천연기념물이자 식물원이라 해도 지나치지 않은 것 같아요. 그래서 울릉도를 '한국의 갈라파고스'라고 부르기도 합니다.

화산활동으로 형성되어 육지와 다른 독특한 식생을 가진 울릉도는 독도와 더불어 앞으로 우리가 잘 보존해야 할 생태계의 보물입니다.

강은 어떻게 흐르는가

혹시 탄천이라는 이름을 들어 본 적이 있나요? 탄천은 경기도 용인에서 발원하여 흐르다가 서울의 잠실 부근에서 한강으로 합류하는 하천입니다. 과거에는 '숯내', '검내'라고 불리기도 했습니다. 삼천갑자(18만 년)를 살았다는 동방삭을 잡으러 온 저승사자가 숯을

▲ 〈대동여지도〉에 나타난 서울 남부 지역. 학탄(윗부분의 원)과 탄천(아랫부분의 원)이 표시되어 있다.

씻은 곳이라고 하여 탄천이 되었다는 설화가 전해집니다. 탄천에는 학여울이라는 여울이 있습니다. 학여울은 강남구 대치동에 있는 지하철 3호선 역의 이름이기도 하지요. 학여울은 조선시대에 제작된 〈대동여지도〉에도 '학탄鶴灘'으로 소개되어 있습니다. '탄灘'은 '여울'을 뜻합니다.

물살이 빠른 곳과 느린 곳

그럼 여울이란 무엇을 의미할까요? 여울의 사전적 의미는 '강이나 바다의 바닥이 얕거나 폭이 좁아 물살이 세게 흐르는 곳' 입니다. 여울의 바닥은 일반적으로는 굵은 조약돌로 이루어져 있습니다. 그래서 여울에서는 물살이 조약돌에 부서지면서 소리를 내며 흐릅니다. 여울은 물이 얕아 징검다리나 섶다리[5] 같은 것을 놓아 강을 건너갈 수 있게 하는 길목 역할도 했습니다.

[5] Y자형 나무로 세운 다릿발 위에 솔가지 등을 깔고 흙을 덮어 임시로 만드는 다리이다.

옛날에는 동네 아낙들도 여울을 찾아 바윗돌에 빨랫감을 올려놓고 방망이질을 하며 빨래를 했습니다. 하지만 여울이 이렇게 좋은 역할만을 하는 것은 아니었습니다. 강을 따라 올라가는 나룻배나 뗏목은 큰 여울을 만나면 고생이 이만저만이 아니었지요. 물살이 빠르기도 하지만 강바닥이 얕아 배가 앞으로 나아가기 어려웠기 때문입니다. 그래서 뱃사람들은 배를 끌고 여울을 거슬러 올라가야만 했습니다.

강에는 여울만 있는 것은 아닙니다. 강에는 '소沼'라고 불리는 부분도 있습니다. 소는 여울과는 달리 수심이 깊고 강바닥이 여울에 비해 입자가 고운 물질들로 이루어져 있어 유속이 상대적으로 느린 곳이지요. 숨 가쁘게 여울을 지나온 강물은 소에서 그 속도를 늦추고 언제 그랬냐는 듯 여유로운 모습을 보입니다. 넓고 깊은 소는 마치 호수와 같은 모습을 보이기도 합니다. 물살이 느리고 수심이 깊기 때문에 물놀이를 하기에 적합하고요.

▲ 여울. 강바닥은 자갈로 이루어져 있다.

▲ 소(沼). 잔잔한 호수 같은 인상을 준다.

　여울에서는 강물이 조약돌과 부딪히면서 물살이 부서지고, 이 과정에서 공기가 물속으로 녹아들어 갑니다. 이를 통해 산소가 물속으로 원활하게 공급되어 수많은 수중 생물들이 호흡을 할 수 있게 됩니다. 또 이렇게 여울에서 공급된 공기는 자연적인 정화작용이 활발하게 일어나도록 도와줍니다.

　경치가 좋은 여울과 소는 여름철에 많은 관광객이 찾는 관광 자원의 역할도 합니다. 그런가 하면 여울과 소에는 어름치 같은 특별한 물고기가 서식하기도 하지요. 어름치는 여울 바닥에 알을 낳고 자갈을 쌓는데, 이렇게 쌓는 것을 산란탑이라고 합니다. 어름치를 비롯하여 돌고기, 꾸구리, 쉬리, 돌상어 등도 여울에 주로 서식합니다. 하천 상류의 맑은 물이 흐르는 소에는 열목어, 산천어와 같은 대형 어종을 비롯하여 다양한 물고기가 살고 있습니다. 또 중하류의 소에는 붕어나 잉어와 같이 느린 유속에 적응하기 쉬운 물고기들이 삽니다.

인간은 강과 더불어 살아 왔다

인간은 강과 더불어 살아왔습니다. 강은 우리에게 마실 물을 주었고 농사를 지을 수 있도록 대지를 적셔 주었지요. 인간은 강을 이용하면서 경우에 따라서 댐을 설치하기도 하고, 물길의 방향을 바꾸기도 했습니다. 강의 양쪽 언덕에는 인공 언덕을 만들어 홍수 때 강물이 넘치는 것을 막기도 했고요. 이와 같이 강을 이용하여 인간들은 생활에 많은 도움을 받아왔습니다.

자연 그대로의 하천에는 적당한 그늘이 있고 주위의 풀이나 나무들로부터 충분한 낙엽이 공급되어 생태계에 좋은 역할을 합니다. 그러나 인공적으로 다듬어진 하천은 수온의 변화가 심하고 낙엽 투입량이 적지요. 또한 자연적인 하천은 여울과 소가 반복적으로 나타나 정화 작용이 일어나고 생태계의 다양성도 유지되는 반면, 인공적인 물길로 이루어진 하천의 유속은 지나치게 빨라 다양한 어류가 살아가기 어려워집니다. 그래서 인공적인 하천의 경우 생물의 휴식처가 부족해지면서 생태계가 파괴되는 현상을 보이기도 합니다.

서울의 도심을 관통하는 청계천도 2003년부터 2005년까지 추진된 복원사업으로 자연형 하천으로 제 모습을 되찾으면서 여울과 소가 만들어졌습니다. 여울과 소가 흐르는 물의 양과 속도를 조절하도록 한 것이지요. 즉, 자연적으로 생성되는 하천의 구조를 모방한 것입니다.

청계천은 이렇게 자연형 하천에 가깝게 복원되어 물고기들도 서식

▲ 하회마을 앞을 휘돌아 흘러가는 낙동강. 모래와 수초, 나무와 풀들이 어우러져 자연적인 생태계를 구성하고 있다.

▲ 복개되어 있던 구조물을 철거하고 새롭게 복원된 청계천. 자연형 하천에 가깝게 복원하였으나 하천이라기보다는 인공 수로에 가깝다고 볼 수 있다. 하지만 여울과 소가 만들어져 물고기들이 서식할 수 있는 하천이 되었다.

할 수 있게 되었습니다. 무엇이든 자연적인 것이 가장 좋겠지만 불가피하게 개발을 해야 하는 경우라면 최대한 자연적인 것과 가깝게 만들어야겠지요. 자연과 더불어 살며 자연을 잘 활용하는 더 깊은 지혜를 얻기 위해 지리라는 학문이 더욱 유용하게 쓰이길 바랍니다.

'녹색댐'이 홍수를 막는다

　　네덜란드의 한 작은 바닷가 마을에 한스 브링커라는 소년이 살고 있었습니다. 어느 날 한스는 학교를 마치고 집으로 돌아오다 제방에 작은 구멍이 뚫려 있는 것을 발견했습니다. 한스는 즉시 손가락으로 그 구멍을 막았지요. 처음에는 손가락으로 막을 수 있는 작은 구멍이었지만 구멍이 커지자 한스는 손가락 대신 손바닥으로, 나중에는 팔뚝을 집어넣어 구멍을 막아야 했습니다. 차가운 물 때문에 팔이 시리고 점차 힘이 빠져 갔지만, 팔뚝을 빼면 제방이 무너질까봐 한스는 꼼짝할 수가 없었습니다. 깊은 밤이 되어서야 한스를 찾아 나선 부모와 마을 사람들에 의해 한스는 겨우 무사히 구출될 수 있었습니다. 한스의 이런 용감한 행동은 즉시 마을 전체에 알려졌고, 한스는 마을을 구한 영웅이 되었습니다.

　　여러분은 이 이야기를 알고 있나요? 네덜란드를 구한 이 용감한 소년의 감동적인 이야기는 우리나라에서 꽤 유명한데, 정작 네덜란드 사람들은 잘 모른다고 합니다. 무엇보다도 이 이야기가 실화가 아니기 때문이지요. 한스의 이야기는 사실 미국의 동화작가 마리 M. 도지가 1865년에 쓴 동화입니다.

이 이야기가 네덜란드에서 잘 알려지지 않은 것은 네덜란드인들에게는 너무 비현실적으로 다가오기 때문이기도 합니다. 네덜란드 국토의 4분의 1은 바다보다 낮기 때문에 현지인들은 한 소년의 팔뚝으로 막는 수준을 뛰어넘는 무시무시한 홍수의 위협을 잘 알고 있습니다. 실제로 1953년에는 폭풍과 함께 몰아친 파도에 제방이 순식간에 무너졌고, 해안 저지대에는 홍수가 발생해 1천 800여 명이 죽고 약 7만 2천 명이 집을 잃었다고 합니다. 홍수는 한 사람의 희생으로 막기에는 너무 큰 자연재해인 셈이지요.

집중호우가 잦아진 이유

자, 이제 우리나라의 사례를 생각해 봅시다. 우리나라는 거의 해마다 물난리를 겪을 정도로 홍수가 잦은 나라 중 하나지요. 게다가 홍수의 빈도와 규모도 해가 갈수록 증가하고 있습니다. 일 년 평균 홍수 피해액이 1980~1990년까지는 약 6천억 원 수준이었던 데 비해 2000~2010년에는 자그마치 약 1조 8천억 원으로 급증했습니다.

사실 우리나라는 홍수에 취약할 수밖에 없는 자연환경을 가지고 있습니다. 우리나라는 비가 여름철에 집중적으로 오는 강수 패턴을 보이기 때문입니다. 6~9월 사이에는 계절풍과 장마, 태풍 등이 겹쳐 일 년 강수량의 70%가량에 해당하는 비가 쏟아집니다. 이렇게 비가 많이 내리면 땅에 스며들지 못하는 빗물은 강으로 흘러들어 바다로 빠져나가야 하겠지요. 그런데 하천의 용량보다 많은 양의 비가 집중적으로 내리면 결국 하천이 넘쳐 주변에 피해가 발생합니다. 도시화가 이루어지면서 시멘트, 아스팔트 포장 면적이 늘고 그만큼 녹지가 줄어들어 배수 시설이나 빗물 저장 시설 등이 충분히 확보되지 못했을 경우 그 피해는 이루 말할 수 없이 커지는 것입니다.

문제는 그것뿐만이 아닙니다. 여러분은 혹시 2011년 7월의 홍수를 기억하나요? 수도권을 중심으로 중부 지방에 엄청난 피해를 가져왔었지요. 서울의 경우 시간당 110밀리미터가 넘는 집중호우가 쏟아져 광화문과 강남이 침수되고 도심 산사태가 일어나는 등 인명 피해와 재산 피해가 극심했습니다. 2010년 9월에 발생했던 집중호우 이후 약 10개월 만에 또 엄청난 홍수 피해가 이어진 것이라 국민들의 충격이 컸습니다.

근래에 우리나라에는 이처럼 장마와 상관없는 국지성 집중호우가 점점 더 자주 발생하고 있습니다. 많은 기상학자들은 그 이유를 지구 온난화에 의한 우리나라의 기후 변화와 관련하여 설명합니다. 온실가스 증가에 의해 기온이 상승하고 대기 순환 패턴이 변화함에 따라 우리나라뿐 아니라 동아시아 일대의 평균 강수량과 강수 강도가 증가하고 있다고 합니다. 특히 우리나라의 경우 100년 전에 비해 연평균 기온은 약 1.7도 상승하고, 연 강수량은 19%가량이나 증가했습니다.

이는 세계 평균치보다 높은 수치로서 지구온난화 현상이 지속되면 우리나라의 집중호우 현상이 계속 되풀이될 가능성이 높다는 것을 보여줍니다.

▲ 홍수 조절 기능과 수력 발전 시설을 갖춘 댐
(ⓒJjw)

홍수 피해를 줄이기 위한 대책으로는 무엇이 있을까요? 장기적으로는 지구온난화가 집중호우를 가져오는 가장 큰 요인이므로 이산화탄소 배출량을 줄이는 것이 중요할 것입니다. 그럼 단기적인 대책으로는 무엇이 있을까요? 가장 먼저 떠오르는 대책은 역시 댐을 세우는 것입니다. 홍수는 단기간의 집중호우로 생기는 경우가 많으니 댐의 수문을 닫아 물을 가두는 것만으로도 홍수를 예방할 수 있습니다. 댐은 이 외에도 모아 두었던 물을 가뭄 때 흘려보낼 수 있고 수력 발전도 할 수 있어서 일석삼조의 기능을 합니다.

그럼에도 불구하고 댐에는 몇 가지 단점도 있습니다. 일단 댐을 건설하기 위해서는 대규모로 물을 가둘 장소를 찾아야 합니다. 그런데 바로 그 장소가 문제입니다. 그곳에 살고 있던 사람들이 자신의 터전을 잃게 되는 문제가 생길 수 있기 때문입니다. 사람뿐만 아니라 계곡 부근에 살고 있는 동물과 식물들의 삶터 역시 고스란히 물속에 잠길 수 있습니다. 댐을 건설한 후에도 문제는 여전히 남습니다. 많은 물이 고여 있으니 유기물질이 흘러들어 수질이 오염되기도 하고, 자신이 태어난 강을 거슬러 올라와 알을 낳는 연어와 같은 물고기들에게는 댐 자체가 치명적인 장애물이 되기도 합니다. 또 수증기 증발량이 늘어나 안개가 끼는 날이 많아지고 기온이 내려가서 주변 농작물 재배 농가에 피해를 주기도 합니다.

댐보다 좋은 '녹색댐' 만들기

그렇다면 홍수 피해를 안정적으로 줄이면서 다른 문제를 동반하지 않는 대책은 뭘까요? 그것은 바로 숲을 가꾸는 것입니다. 숲은 홍수가 났을 때 빗물을 머금었다가, 평상시에 이를 서서히 흘려보내 댐과 같은 기능을 해 주거든요. 숲은 댐과 같은 기능을 하면서도 자연에 피해를 주지 않기 때문에 '녹색댐green dam'이라고 일컬어지기도 합니다.

여기서 잠깐! 많은 사람들이 녹색댐의 원리를 '나무뿌리가 물을 저장하고 있다가 다시 내놓는 것'이라고 알고 있는 것 같습니다. 그런데 나무 자체가 홍수와 가뭄을 조절한다는 것은 우리가 잘못 알고 있는 상식입니다. 숲의 물 저장 능력의 비밀은 나무뿌리가 아니라 바로 '흙'에 있기 때문이지요. 빗물이 스며드는 곳은 나무뿌리가 아니라 토양 속의 작은 구멍, 즉 공극孔隙입니다. 토양에 이런 구멍이 많을수록 그만큼 물을 많이 저장할 수 있는데, 그런 토양 구조를 만드는 일에 나무가 결정적인 역할을 하는 것이지요.

나무는 어떻게 그런 일을 할까요? 나무에서 땅으로 떨어진 낙엽들은 미생물에 의해 분해되어 유기물질이 됩니다. 이 유기물을 먹이로 삼는 지렁이 같은 작은 동물들이 땅을 헤집고 먹이를 찾거나 집을 만드는 활동을 하는 과정에서 토양 속에 작은 구멍들이 형성됩니다. 바로 이렇게 생긴 땅 속의 구멍이 공극이며 그곳에 물이 저장되는 것이지요. 따라서 숲에 나무가 많고 낙엽이 잘 분해되어 유기물질이 많을수록 토양 속 작은 동물이 늘어나고, 그 동물들이 파 놓는 토양 속 구멍들이 많아져 빗물이 땅으로 더 많이 흡수되는 것입니다.

그런데 알고 있나요? 나무의 종류에 따라 이 공극을 만드는 능력에 차이가 납니다. 여러분도 아시다시피 우리나라 숲에는 크게 침엽수림과 활엽수림이 있습니다. 침엽수는 소나무, 전나무, 잣나무 등 잎사귀가 바늘처럼 생긴 나무이고 활엽수는 참나무, 떡갈나무, 오동나무, 상수리나무 등 잎이 넓은 나무지요.

침엽수림과 활엽수림 중 빗물을 더 많이 저장할 수 있는 산림은 어느 것일까요? 그렇습니다. 답은 활엽수림입니다. 비가 내리면 빗물의 일부는 땅에 흡수되고 일부는 잎사귀에 머무르다가 그대로 증발하기도 합니다. 그런데 침엽수림에 비해 낙엽이 많이 떨어지는 활엽수림에서는 낙엽이 떨어져 있는 동안 빗물이 잎에 머물다가 증발하는 일이 없이 그대로 토양에 흡수됩니다. 그리고 활엽수는 잎사귀 양이 적어 증산 작용[6]도 그만큼 적게 합니다. 그래

---

6 식물체 안의 수분이 수증기가 되어 나뭇잎을 통해 공기 중으로 나오는 현상을 말한다.

서 토양 속에 물을 많이 저장시키지요. 또 활엽수의 낙엽은 미생물에 의해 빠르게 분해되어 토양 속 지렁이 같은 동물들에게 좋은 먹이가 됩니다. 따라서 녹색댐의 효과는 참나무 같은 활엽수를 많이 심었을 때 더욱 커진다고 할 수 있습니다.

국립산림과학원의 자료에 의하면 침엽수 인공림 220만 헥타르를 활엽수림으로 바꾸어 숲을 관리하면 연간 57억 톤의 물을 확보할 수 있다고 해요. 이는 대형 인공댐 세 개를 짓는 효과에 견줄 만합니다. 우리나라는 소나무를 즐겨 심어 인공 침엽수림이 많이 있습니다. 사람들은 흔히 '자연은 전혀 건드리지 않고 가만히 놔둘 때가 가장 좋다'라고 생각합니다. 그러나 숲의 경우에는 그대로 놔두기보다 솎아베기, 가지치기 등을 해서 하층 식생을 다양하게 만들어 주고 활엽수림을 함께 심어 혼합림으로 만들면 녹색댐 기능이 더 향상될 수 있을 것입니다. 나무 가꾸기의 중요성은 아무리 강조해도 지나치지 않겠지요? 일단은 생활 속에서 종이 아껴 쓰기, 이면지 활용하기 등부터 실천하는 것이 숲을 아끼는 행동의 시작일 것입니다.

우리나라의 기후 변화에 대한 집중 탐구

"오늘부터 장마가 끝나고 무더위가 찾아오면서 본격적인 휴가철이 시작되겠습니다. 여행사와 항공사들은 여행 성수기를 맞아 국내외 피서지 여행상품을 앞다투어 내놓고 있습니다."

날씨 예보에서 기상 캐스터의 이런 말을 들어 보신 적이 있나요? 여러분도 장마가 끝나는 시기를 예측하여 가족 휴가 계획을 세웠던 경험이 한두 번쯤 있을 것 같은데요. 그런데 알고 계세요? 사실 우리나라 기상청에서는 2009년부터 더 이상 공식적으로 장마의 시작과 끝을 알리는 보도를 하지 않고 있다는 사실 말이에요. 장마란 여름철에 여러 날 동안 계속해서 비가 내리는 현상을 일컫습니다. 그런데 최근에는 장마철이 시작되어도 비가 내리지 않는 기간이 많고 장마철이 끝난 후에도 수시로 집중호우가 발생하는 등 강수 특성이 많이 변했습니다. 이와 같은 이유로 장마 예보가 무의미하다고 판단해 특별히 예보를 하지 않는다고 합니다.

1990~2010년 사이의 통계를 보면 장마 종료 후 비가 더 많이 온 경우가 모두 열한 번이나 됩니다. 최근 우리나라 장마 기간에 중국 북부 내륙 지방의 고온 현상이 지속되면서 그 따뜻하고 건조한 기류의 영향으로 비가 예전보다 줄었습니다. 대신 장마 후에는 북쪽에서 찬 공기가 내려와 기층이 불안정해져 폭우가 쏟아지기도 하지요. 앞에서 언급한 국지성 집중호우가 그렇습니다.

도대체 기상청의 장마 예보까지 중단하게 만든 이러한 기후 변화는 왜 일어난 것일까요? 기상청은 최근 10년간의 강수 패턴을 분석한 결과 지구온난화의 영향으로 한반도 기후가 온대 기후에서 아열대 기후로 변화하여 강수 특성이 변하고 있다고 발표했습니다.

여기까지 읽고 누군가는 이렇게 생각할지도 모르겠습니다. '아, 또 지구온난화 이야기로군. 그 얘기는 워낙 많이 들어서 이제 다 아는데 말야.' 정말 그런가요? 여러분들은 지구온난화 현상에 대해 어떤 생각을 갖고 있나요? 혹시 북극해의 빙하가 녹는다거나 남태평양의 섬나라가 바다에 잠긴다는 식의 먼 나라 이야기라고 생각하고 있지는 않은가요? 아니면 "이대로 이산화탄소 배출량을 줄이지 않는다면 결국 지구온난화는 심각한 문제가 될 거야"라는 식으로 미래를 예측하는 정도에 머물러 있지는 않은지요? 지구온난화는 결코 먼 나라, 미래의 이야기가 아닙니다. 지금 여기, 우리 곁에서 이미 진행되고 있는 일이지요. 그 증거로 우리나라에서 일어나고 있는 기후 변화 현상들을 한번 살펴볼까요?

지구온난화는 먼 나라 얘기?

지난 100년간 지구의 온도는 0.7도가량 상승했습니다. 우리나라에서는 세계 평균치보다 더 많이 상승해서 기온이 약 1.5도 높아졌습니다. 일단 기온이 상승하면 수증기 증발량이 늘어나 그만큼 비가 많이 내리게 됩니다. 실제로 우리나라의 강수량은 지난 100년간 19% 증가했습니다. 단순히 비가 많이 오는 것이 아니라 짧은 시간에 집중적으로 쏟아지는 스콜(열대 지방에서 천둥과 번개를 동반하여 내리는 폭우성 소나기)도 자주 나타나 여름철에 홍수 피해를 입을 가능성은 더 커졌습니다. 6월부터 9월까지는 강수량이 집중되어 '우기'라는 표현이 어색하지 않게 되었고, 봄과 가을철의 기온이 올라 사계절의 구분도 무색해졌지요.

기후 변화는 생태계도 빠르게 변화시켰습니다. 최근 5년 동안 전남 구례군의 숲을 조사한 결과 침엽수림인 소나무의 면적은 줄고 아열대 기후에서 자라는 비목나무의 비율은 무려 460%나 증가했습니다. 또한 기온 상승에 따라 농산물들의 재배 지역도 점점 북상하고 있지요. 예를 들어 남부 지리산 기슭에서 자라던 녹차가 지금은 강원도 춘천에서도 재배되고, 대구 하면 떠오르던 사과 역시 강원도 영월에서도 잘 자랍니다. 뿐만 아니라 열대 지방에서나 볼 수 있었던 망고와 파파야가 경북 안동의 밭에서 주렁주렁 열리고 있습니다.

바다의 온도도 마찬가지로 상승하고 있습니다. 전남 함평만 갯벌에서는 아열대성 해조류가 점점 늘고 있다고 합니다. 제주도 앞바다에서는 열대성 산호와 아열대성 해양 생물이 발견되기도 했고요. 한류성 어족인 명태, 대구의 어획량이 줄고 난류성 어족인 오징어가 많이 잡히는 것도 이미 유명한 이야기입니다. 이렇게 우리나라 주변의 해수 온도가 상승하면 우리나라를 지나가는 태풍의 위력이 한층 더 강해집니다. 한국환경정책평가연구원KEI의 연구에 따르면 1994년부터 10년간 폭염으로 인해 2천 131명이 사망하였고, 말라리아 환자는 1994년에는 5명이던 것이 2007년에는 2천 227명으로 증가했다고 합니다. 지구온난화로 인해 우리나라 기후에 제법 큰 변화가 나타나고 있다는 것은 이제 의심할 여지가 없는 사실입니다.

이러한 기후 변화의 모습을 잘 보여 주는 곳 중 하나가 바로 제주도 서귀포시의 용머리 해안입니다. 2007년 이곳으로 국토 순례 여행

2007년 국토 순례 여행 당시의 용머리 해안 ▲

을 갔을 때만 해도 사진에 나와 있는 것처럼 아이들과 함께 해안을 따라 거닐 수 있었습니다. 하지만 최근에는 해안을 따라 펼쳐진 일주 산책로가 바닷물에 완전히 잠기는 시간이 길어져, 관광객들에게 개방되는 시간이 그만큼 줄어들고 있습니다. 제주도 연안의 해수면은 1970년에 비해 2008년 기준으로 22.8센티미터나 상승했다고 합니다. 이미 알려져 있다시피 해수면 상승은 지구온난화가 가져온 변화의 일면입니다.

지구는 왜 더워지고 있을까?

이처럼 지구가 더워지고 있는 원인은 무엇일까요? 물론 자연 상태에서 주기적으로 온도가 오르락내리락할 만한 이유는 여러 가지가 있을 수 있습니다. 그러나 최근 이렇게 '빠르게 진행되는' 온도 상승의 배경에는 우리 인간의 생활 방식이 큰 몫을 차지하고 있습니다. 예를 들어 볼까요? 지구가 반사하는 복사 에너지를 흡수하여 온실효과를 일으키는 이산화탄소는 인간이 전기를 사용하고, 자동차와 비행기를 타고, 공장을 가동하여 상품을 생산하는 과정에서 엄청나게 많이 배출됩니다. 또 인류가 육식을 위해 키우는 13억 마리 이상의 소가 트림을 하거나 방귀를 뀔 때마다 배출하는 메탄가스 역시 강력하게 온실효과를 일으키는 온실가스랍니다.

잘 알려지지는 않았지만, 우리나라 충청남도 태안반도 안면도에는 온실가스의 양을 관측하는 기후 변화 감시센터가 있습니다. 미국 국립해양대기청NOAA에서 이곳의 공기를 포집하고 있다고 합니다. 그런데 왜 바다 건너 미국이 우리나라의 공기를 가져갈까요?

▲ 1998년에 설립된 안면도 기후 변화 감시센터
(출처: 〈하늘사랑〉 2010년 8월호)

그것은 바로 우리나라의 서해안이 '세계의 공장'으로 불리며 최근 급속한 공업화를 추진하고 있는 중국과 가까이 있기 때문입니다. 중국 경제의 중심지는 중국의 동쪽 연안에 위치해 있는데요. 중국 동부의 공장들에서 발생한 온실가스가 바람을 타고 황해를 건너 우리나라로 이동해 오기 때문에 안면도의 기후 변화 감시센터에서는 중국의 온실가스 배출 현황을 파악할 수 있습니다. 그래서 이곳이 기후 변화를 감시할 수 있는 장소로 떠오르게 되었지요.

자, 그렇다면 지구의 기후 변화를 막고 아이들과 함께 다시 용머리 해안을 마음껏 걸을 수 있으려면 우리는 어떠한 노력을 해야 할까요? 아니, 우리의 후손들에게 우리가 느끼고 생활했던 공간을 그대로 물려주기 위해서 무엇을 해야만 할까요?

그것이 무엇이든 간에 이제 우리는 당장 행동해야만 합니다. 우리나라뿐만 아니라 전 세계가 에너지 효율성과 대체 에너지 사용률을 크게 높여야만 합니다. 이산화탄소의 배출을 줄이기 위한 에너지 정책도 중요합니다. 우리들 역시 일상생활의 작은 생활습관부터 한 번

▲ 탄소 라벨

더 생각하고 행동하는 자세가 필요합니다. 아직 날이 밝은데 전등을 지금 켜야 할까? 쓰지도 않는 컴퓨터를 켜 놓은 것은 아닐까? 가까운 거리는 자전거를 타고 가 볼까? 이렇게 한 번 더 고민하고 행동하자는 것이지요.

여러분은 혹시 대형 할인점 진열대에서 탄소 라벨이 부착된 상품을 본 적이 있나요? 탄소 라벨이란 제품의 생산과 유통, 사용과 폐기 과정에서 발생할 온실가스 배출량을 계산하여 제품에 부착한 표지입니다. 소비자가 스스로 저탄소 제품을 구매할 수 있게 유도하는 정책이 시행되면서 탄소 라벨을 부착한 품목은 앞으로 점점 더 늘어날 듯합니다. 이왕이면 탄소 배출량이 적은 제품을 구매하는 것은 그리 어려운 일이 아닙니다. 우리가 마트에서 장을 볼 때 탄소 라벨을 확인하는 습관만으로도 기업의 이산화탄소 저감 계획을 독려할 수 있다는 것을 기억하길 바랍니다.

'소빙하기'에 대하여

최근 유럽, 미국에서의 폭설과 혹한이 '소빙하기' 때문이라는 말이 있던데요. 아니, 지구가 온난화되고 있다면서 빙하기가 온다는 게 말이 되나요?

맞아요, 좀 이상하게 들릴 수도 있겠네요. 2004년에 개봉했던 〈투모로우〉라는 영화도 지구온난화를 소재로 했다면서 내내 눈속에 파묻힌 뉴욕을 보여주었던 기억이 나요. 영화는 급격한 지구온난화로 인해 극지방의 빙하가 녹고 해류의 흐름이 바뀌게 되어 결국 지구가 빙하로 뒤덮이는 상황을 상상하여 만들어졌지요.

실제로 지구온난화 때문에 멕시코 만류의 흐름이 멈출 수 있다는 우려는 벌써부터 나오고 있습니다. 멕시코 만류는 멕시코 만으로부터 시작해 미국 북동부 해안을 따라 올라간 후 북서부 유럽까지 나아가는 난류입니다. 이 난류는 따뜻하고 염분이 많은 해수를 북대서양으로 이동시켜 서유럽을 따뜻하게 해 주고, 주변의 차가운 해수와 섞여 온도가 내려가면 바다 밑으로 가라앉아 대서양의 바닥을 따라 되돌아오는 큰 순환 고리를 가지고 있습니다.

그런데 만약 극지방의 빙하가 녹아서 그 물이 북상 중인 멕시코 만류와 만나게 되면, 멕시코 만류는 유럽 고위도까지 흐르지 않고 순환을 멈추어 버릴 것입니다. 그럼 멕시코 만류에 의해 운반되던 적도의 열에너지가 극지방으로 운반되지 못하여 고위도 지방의 기온이 떨어지겠지요. 이 현상을 일부에서는 소빙하기의 도래라고 일컫습니다. 이와 함께 지구온난화 현상으로 극지방 상공의 기온이 상승하면서 극지방에 갇혀 있어야 할 한랭한 공기가 남하하여 추위를 가져온다는 분석도 있습니다. 바로 이러한 이유 때문에 2010년 겨울부터 유럽과 미 동북부 지역, 우리나라까지 폭설이나 강추위와 관련된 각종 기록이 경신되고 있다는 것이지요. 참 이상하지요? 지구가 더워지는 것도 지구온난화 때문, 지구가 추워지는 것도 지구온난화 때문이라니 말입니다.

원래 소빙하기라는 말은 13세기부터 18세기에 걸쳐 500년 주기로 돌아오는 자연적인 기온 변화를 칭하던 말이었습니다. 자세한 원인은 모르지만, 태양 흑점 수의 감소와 화산 폭발로 발생한 화산재가 햇빛을 가려서 기온을 낮췄다는 가설이 있습니다. 지금의 기후 변화를 그러한 자연적인 주기 변동으로 봐야 할지, 아니면 온실가스 증가에 따른 급격한 기후 변동으로 봐야 할지는 아직 확실하지 않습니다. 다만 지구촌 곳곳이 폭염, 폭우, 혹한으로 몸살을 앓고 있는 것은 분명한 사실이므로 우리는 이러한 기후 변화를 막기 위해 가능한 모든 노력을 해야겠지요. 우리가 살고 있는 이 지구는 실험용 샘플이 아니라서 일단 망가지면 우리의 삶 역시 위협받게 되니까요.

빙하기가 다시 온다면
우리 삶은 어떻게 될까?

모두가 다 알다시피 우리나라는 3면이 바다입니다. 그런데 바다라고 다 같은 바다가 아닙니다. 동해와 서해는 여러 면에서 차이가 나는데 가장 큰 차이는 수심입니다. 동해는 평균 수심이 대략 2천 미터이고 최고 수심이 4천 미터가 넘는 깊은 바다인 반면 서해는 수심이 100미터가 넘는 곳이 없습니다. 동해 바닷물을 수영장의 물에 비유하자면, 서해 바닷물은 바가지에 담아 놓은 물밖에 되지 않는다고 할 수 있겠지요. 그런데 이렇게 얕은 서해 바다가 과거에는 바다가 아니었습니다. 도대체 무슨 말일까요?

서해는 바다가 아니었다!

지금으로부터 약 1만 년 전쯤 지구는 지금보다 훨씬 추웠습니다.

여러분들도 잘 아는 빙하기에 해당하는 시기였지요. 기온이 낮았던 이유는 뭘까요? 물론 타임머신을 타고 그 당시로 돌아가서 조사해 보면 가장 확실하겠지만 현재로서는 그냥 몇 가지 추측만 할 수 있을 뿐입니다. 그중 유력한 것이 있습니다. 지구가 태양을 더 멀리 공전했기 때문이라는 설도 있고, 지구 대기 중에 화산재와 같은 먼지가 가득 차면서 태양 빛이 가려져서 지표면의 온도가 낮아졌다는 설도 있습니다. 원인이 무엇이건 빙하기가 있었다는 것은 확실한 사실입니다. 그것도 한 번이 아니고 지구는 여러 번 차가워졌다가 다시 따뜻해지기를 반복했지요. 바로 그 빙하기로 인해서 여러분이 좋아하는 공룡들도 지구에서 멸종된 것이고요.

빙하기의 지구 환경은 지금과는 많이 달랐습니다. 마지막 빙하기 때는 기온이 지금보다 낮아서 여름이 지금의 초봄과 비슷한 날씨였고 겨울은 지금보다 훨씬 추웠다고 합니다. 기온만 떨어진 것이 아니라 강수량도 적었지요. 일반적으로 기온이 높을수록 대기 중으로 증발되는 수증기의 양이 많아지고 수증기의 응결도 활발해서 강수량이 많아집니다. 그런데 빙하기 때처럼 기온이 낮아지면 수증기의 증발도 적어지고 공기도 무거워져 상승기류가 잘 형성되지 않습니다. 그래서 강수량이 적어지는 것이지요.

수증기의 증발에 대해 더 알아볼까요? 증발해서 대기 중으로 보내진 수증기는 지구의 기온이 낮아지면서 비가 아닌 눈으로 내리게 되었습니다. 그 눈은 녹지 않고 계속 쌓이게 되면서 바다로 다시 돌아가는 물의 양이 점차 줄어들기 시작했지요. 그 결과 육지에서는 녹지 않고 두껍게 쌓여 간 눈의 높이가 무려 3천 미터에 달했습니다. 엄청난 두께의 단단해진 눈덩어리가 넓은 지역에 쌓인 것이 바로 대륙 빙하입니다. 정상적인 상태라면 그 빙하들은 전부 녹아서 바다로 다시 흘러가야 했지요.

바다에서는 그만큼의 바닷물이 줄어들어 바다의 높이가 지금보다 약 100미터가량 낮아지게 되었습니다. 오늘날 수심이 100미터가

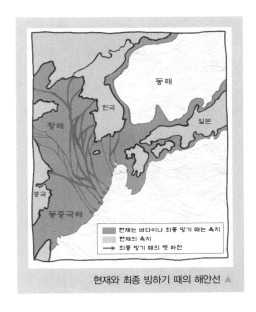

현재와 최종 빙하기 때의 해안선 ▲

안 되는 바다들은 전부 육지로 드러나게 되었습니다. 최대 수심이 80미터인 서해도 예외가 아니었지요. 그리하여 서해는 대부분 육지가 되었고 우리나라에서 일본까지도 육지로 연결되어 있었습니다. 위의 지도는 당시의 해안선과 오늘날의 해안선을 같이 그려 놓은 것입니다. 아메리카 인디언들을 보면 우리나라 사람들과 생김새가 상당히 비슷한데, 이들도 처음에는 아시아 대륙에 살고 있던 사람들이라고 합니다. 그런데 빙하기가 되면서 오늘날 아시아 대륙과 아메리카 대륙 사이의 베링해협이 육지로 연결되었고, 이때 이들이 아메리카로 건너가게 되었다고 전해집니다.

이렇게 육지의 면적이 넓어지면서 하천의 길이도 지금보다 훨씬 길어졌습니다. 오늘날 한강 하류의 김포평야나 동진강, 만경강 유역

의 호남평야 일대의 경우 빙하기에는 하류가 아니라 중류에 위치하였을 것이라 짐작되며, 오늘날과 같은 넓은 평야도 아니었을 겁니다. 하천은 한참을 더 흘러야 바다를 만날 수 있었습니다. 하천은 흐르면서 침식, 운반, 퇴적 작용을 하는데 지금은 퇴적 작용이 활발한 이들 평야지대에서도 빙하기에는 침식 작용이 더 활발하게 이루어졌습니다.

시간이 흘러서 약 1만 년 전부터 지구의 기온은 다시 높아지기 시작했습니다. 그러자 지구를 두껍게 덮었던 빙하들이 서서히 녹으면서 이 물들이 바다로 흘러들게 되었지요. 지구의 기온이 오늘날과 비슷한 수준으로 상승하면서 바닷물의 높이도 우리가 지금 알고 있는 수준이 되었습니다. 그 결과 서해도 다시 잠겨서 바다가 되었지요.

고도가 낮은 육지가 바다에 잠기게 되면서 나지막한 산에는 산허리까지 물이 찼고 봉우리만 물 위로 고개를 내밀어 섬이 되었습니다. 빙하기 때 파인 V자 형태의 골짜기로 물이 들어온 곳은 만 형태의 해안이 되었고요. 오늘날 서해와 남해의 해안선이 들쭉날쭉하고 섬들이 많은 것은 바로 이런 이유 때문입니다. 우리나라에는 무려 3천여 개의 섬이 있는데 대부분은 과거 빙하기 때 고도가 낮은 산들이 물에 잠기면서 만들어진 것입니다. 그러니까 이름은 섬이지만 지질구조는 육지와 다를 바가 별로 없는 것이지요.

빙하기와 지구온난화

빙하의 성장과 쇠퇴로 인한 흔적은 하천 곳곳에서 볼 수 있는데 가장 대표적인 것이 단구입니다. 단구란 하천 양쪽에 있는 계단 형태의 지형을 말합니다. 하천 하류의 단구는 해수면 변동의 영향이 큽니다. 하천의 상류는 침식 작용이 강하고 하류는 퇴적 작용이 강하지요. 앞에서 살펴본 바와 같이 빙하기 때는 지금의 하천 하류가 중상류로 바뀌면서 침식이 활발해졌습니다. 그리하여 빙하기의 침식 작용으로 골짜기가 파이는 곳이 많았지요. 그런데 간빙기나 후빙기가 되면 중상류로 바뀌었던 하천이 다시 하류로 바뀌면서 이제 퇴적 작용이 활발해집니다. 이런 과정이 반복되면 계단 모양의 지형이 되는데요. 우리나라의 주식인 쌀을 생산하는 평야들은 모두 마지막 빙하가 물러나고 하천들의 퇴적 작용이 활발해지면서 토사들이 쌓여 만들어진 것들입니다.

상류에서는 단구가 만들어지는 과정이 좀 다릅니다. 빙하기 때는 기후가 건조해 기계적 풍화로 쌓인 토사들이 물이 적은 강에서 깎여 나가지 못하고 그대로 쌓여 있게 됩니다. 그러다 간빙기가 후빙기가 되면 강수량이 많아져서 빙하기 때 쌓인 토사들이 깎여 나갑

▲ 영월의 선돌에서 바라본 해안단구. 하천 옆의 평평한 땅이 단구면으로 과거 빙하기 때는 단구면이 하천의 바닥이었다.

니다. 우리나라의 하천 중상류에서 볼 수 있는 단구들은 이런 작용에다 지반의 융기가 더해져서 만들어진 것들입니다.

빙하기는 지금으로부터 약 1만 년 전이었습니다. 그런데도 오늘날의 지형을 이해하는 데 큰 영향을 주고 있군요. 최근 지구온난화에 전 지구적인 관심이 쏠리고 있는데 이는 빙하기처럼 큰 변화를 몰고 올 현상이라고 보면 크게 틀리지 않을 것 같습니다. 지구온난화가 가속화되면 지구에는 어떤 일이 일어날까요? 또다시 빙하기가 온다면 우리의 삶은 어떻게 될까요? 이 질문에 대한 답을 진지하게 구해 보길 바랍니다.

우리나라에도 공룡이 살았을까?

더 알아보기

1990년대에 〈쥬라기 공원〉이라는 영화가 크게 히트를 친 적이 있었습니다. 한 사업가가 광부들이 발견한 호박 속의 모기에서 DNA를 채취해 중생대의 공룡들을 복원합니다. 그리고 그 공룡을 이용하여 코스타리카의 한 섬에다 공룡 공원을 세우려고 하는데, 우리에 가두어 두었던 공룡들이 탈출합니다. 그에 따라 벌어지는 사건들이 영화의 주된 내용이었는데요.

어린이들에게 큰 관심을 끄는 공룡은 주로 중생대에 살았던 파충류로 알려져 있습니다. 중생대는 약 2억 5천만 년 전에 시작되어 약 6천 5백만 년 전까지 지속되었으며, 가장 오래된 트라이아스기(삼첩기), 쥐라기, 백악기의 시기로 나눕니다. 그 중에서도 쥐라기는 공룡이 전 세계적으로 크게 번성했던 시기지요.

우리나라에도 중생대에 공룡이 크게 번성했던 것으로 전해집니다. 공룡이 존재했었다는 사실은 중생대에 형성된 지층을 통해 알 수 있습니다. 중생대 지층에서 공룡의 뼈, 알, 발자국 화석 등이 발견되었던 것이지요. 우리나라의 중생대 지층은 주로 지금의 경상도 지역을 중심으로 광범위하게 나타납니다. 물론 이 지역 외에 전라남도 남서해안 지역, 전라북도 내륙의 일부 지역, 경기도 서해안 일부 지역 등에서도 중생대에 형성된 지층이 발견되었습니다.

이들 지역에서는 지금까지 많은 양의 화석이 발견되었을 뿐만 아니라 연구도 계속 이루어지고 있습니다. 지금까지 공룡과 관련된 화석이 발견된 가장 대표적인 지역은 경상남도 고성군 덕명리 해안, 전라남도 해남군 우항리 해안 등입니다.

▲ 상족암에 있는 공룡 발자국 화석. 두 발로 걷는 공룡이 걸어가면서 남긴 발자국 화석이다.

경상남도 고성군 덕명리 상족암에는 두 발로 서서 걸어간 공룡 발자국 화석이 있습니다. 고성 덕명리 공룡과 새 발자국 화석산지는 천연기념물 제 411호로 지정, 보호하고 있지요. 이곳에서 발견된 공룡 발자국 수는 약 2천 개나 된다고 합니다.

전라남도 해남군 황산면 우항리는 익룡과 공룡, 새의 발자국 화석 등이 모두 발견된 곳입니다. 이곳에서 발견된 물갈퀴를 가진 새 발자국은 세계에서 가장 오래된 것으로 알려져 있습니다. 그 발자국의 주인공인 새는 이 지역의 지명을 따서 '우항리쿠누스 전아이', '황산니페스 조아이' 라는 학명을 얻게 되었지요. 새의 역사를 연구하는 학자들에게는 해남군 황산면 우항리가 매우 유명한 장소라고 합니다.

우리나라에서는 지금까지 해남, 화순, 여수 등에서 공룡 발자국 화석이, 보성, 화성 등지에서 공룡 알 화석이 발견되었습니다. 이 밖에도 드물

▲ 우항리 공룡 박물관: 알로사우루스 진품 화석을 전시하고 있는 박물관이다. 다양한 공룡 관련 화석을 소장하고 있다.

▲ 물갈퀴가 달린 새 발자국 화석. 우항리에서 발견된 새 발자국 화석은 학술적 가치가 매우 높다.

지만 공룡 뼈 화석, 공룡 이빨 화석, 공룡 알 둥지 화석 등이 발견되기도 했지요. 앞으로는 더 많은 곳에서 공룡과 관련된 화석이 발견될 것으로 예상됩니다. 이번 주말에는 공룡이 살았던 곳에 가서 다양한 화석을 구경해 보는 것은 어떨까요?

물이 만든 지하 궁전

동굴에 가 본 적이 있나요? 동굴은 암석이나 빙하 속에 자연적으로 형성된 빈 공간을 의미합니다. 동굴은 몇 가지 종류로 나눌 수 있습니다. 바닷물에 의해 바위틈이 깎여 나가면서 형성된 동굴을 해식동海蝕洞이라 하고, 강물의 침식 작용에 의해 만들어진 동굴을 하식동河蝕洞이라고 합니다. 석회동굴은 석회암이 물에 녹는 과정에서 형성되고, 용암동굴은 화산이 폭발하는 과정에서 형성됩니다.

▲ 제주의 협재굴. 용암이 흘러 나가면서 형성된 용암동굴이다. 제주에는 여러 개의 용암동굴이 발달하였는데 그중 일부는 세계자연유산으로 등재되기도 했다.

"아니, 석회암이 물에 녹는다고요?"라며 궁금해하는 학생이 있을지도 모르겠네요. 그렇습니다. 석회암은 물에 녹는 성질이 있는 암석입니다. 그렇다면 석회암은 매우 약한 성질을 갖고 있는 걸까요? 그렇지는 않습니다. 석회암은 매우 단단한 암석이지요. 석회암은 매우 단단해서 망치로 때려도 잘 부서지지 않을 정도입니다.

여러분은 시멘트의 원료가 무엇인지 알고 있나요? 빌딩이나 다리, 댐과 같이 건물이나 각종 시설물을 만들 때 없어서는 안 될 시멘트의 재료가 바로 이 석회암입니다. 우리 생활과 아주 밀접한 관련이 있는 암석이라고도 할 수 있지요. 그런데 이러한 석회암이 물에 녹는 성질이 있다니 걱정스럽지 않나요? 비가 오면 우리가 살고 있는 집이나 학교도 녹아 없어지는 것 아닐까 하고 말입니다. 사실 그런 걱정을 할 필요는 없답니다. 석회암이 어떤 환경에서나 쉽게 녹는 것은 아니기 때문이지요.

석회동굴에 놀러오세요

석회암의 특징에 대해 더 알아보도록 하지요. 석회암은 어떻게 만들어진 암석일까요? 석회암은 아주 오래전 바다에 살고 있던 조개류나 조류藻類, 산호 등의 몸을 보호하는 껍데기나 골격 등이 녹아서 가라앉아, 퇴적되어 만들어졌습니다. 주 성분은 탄산칼슘이지요.

그렇다면 석회암은 언제 만들어진 것일까요? 놀랍게도 우리나라에 분포하는 석회암이 주로 형성된 시기는 지금으로부터 약 5억 7천만 ~4억 3천만 년 전이라고 합니다. 그 당시 한반도는 열대의 바다였습니다. 이 따뜻한 바닷속에 산호를 비롯한 다양한 생명체가 살고 있었지요. 그 생명체들이 죽고 난 뒤에 쌓여서 형성된 것이 바로 석회암입니다. 즉 석회암은 바닷속에서 형성된 퇴적암의 일종이라고 할 수 있습니다.

석회암은 이산화탄소를 포함하고 있는 물에 잘 녹습니다. 지표면을 덮고 있는 흙 속에는 대기 중보다 더 많은 양의 이산화탄소가 포함되어 있습니다. 이러한 흙 속에 빗물이 스며들게 되면 자연스럽게 이산화탄소가 빗물에도 녹아들게 되지요. 이렇게 이산화탄소를 머금은 빗물은 석회암을 천천히 녹일 수 있습니다. 물론 석회암이 녹는 데는 어마어마하게 긴 시간이 필요하지요. 이렇게 빗물과 지하수에 의해 석회암이 녹아서 형성된 공간이 바로 석회동굴입니다.

석회동굴에서는 동굴 천정에 매달려 있는 종유석과 바닥에서 자라나는 석순을 볼 수 있습니다. 동굴의 벽은 석회암이 녹거나 침전되면서 아름다운 경관을 이룹니다. 어떤 석회동굴은 옆으로 길게 발달하는가 하면, 어떤 동굴은 수직으로 깊게 발달하기도 하지요.

▲ 석회동굴의 내부. 아래쪽으로 깊게 발달한 모습이다.

우리나라에서 유명한 석회동굴로는 단양의 고수동굴, 영월의 고씨굴, 정선의 화암굴, 삼척의 환선굴 등이 있습니다. 이 외에도 수많은 동굴들이 있는데 우리나라에서 발견된 천연 동굴의 약 90%는 석회동굴입니다.

석회동굴 주변에는 접시나 깔

▲ 움푹 파인 모습의 지형. 일명 돌리네(doline)라고 ▲ 중국의 구이린. 석회암이 물에 녹으면서 셀 수 없
하는 지형이다. 물이 쉽게 빠지는 특성이 있어서 이 많은 뾰족한 바위산이 만들어졌다.
주로 밭으로 이용된다.

때기처럼 생긴 오목한 지형들을 쉽게 찾아볼 수 있습니다. 이와 같은
지형도 석회암이 물에 녹는 과정에서 형성된 것이지요. 석회암 지대
중에는 뾰족하게 솟은 봉우리들이 수도 없이 많이 모여 장관을 이루
는 곳도 있습니다. 이러한 곳은 관광지로 개발되기도 했는데 중국의
구이린桂林이나 베트남의 하롱베이Ha Long Bay 등이 바로 그러한 예입
니다. 어때요? 한번 가 보고 싶어지지 않나요?

파도는 지형을 어떻게 바꿀까?

오스트레일리아의 빅토리아 주에는 그레이트 오션 로드 Great Ocean Road라는 유명한 관광지가 있습니다. 그곳에는 일명 '열두 사도 The Twelve Apostles'라는 바위들이 있지요. 파도에 의해 하나둘 붕괴되면서 지금은 일부만 남아 있다고 합니다. 2009년에도 아치 모양의 바위섬 윗부분이 붕괴되면서 두개의 기둥 모양으로 바뀌었다고 해요. 바위섬을 깎고 무너뜨리는 파도의 힘이란 참 대단하지요?

▲ 그레이트 오션 로드에 있는 열두 사도 바위

아슬아슬한 촛대바위

우리나라는 3면이 바다로 둘러싸여 파도의 작용으로 발달한 해안 지형을 여러 지역에서 볼 수 있습니다. 강릉의 정동진, 동해의 촛대바위, 포항의 호미곶, 부산의 태종대, 부안의 채석강 등 유명한 해안에 가면 특이한 지형을 볼 수 있지요. 파도의 작용으로 해안에 발달하는 지형으로는 또 어떤 것이 있을까요?

아래 사진에 나타난 지형은 파도의 힘에 의해 만들어진 것입니다. 이 지형들은 모두 바위로 이루어져 있지만 파도의 힘을 견디지 못하고 쉴 새 없이 깎여서 오늘날과 같은 모양을 하게 되었습니다. 이와

▲ 동해의 촛대바위. 뾰족한 바위 덩어리가 남아 있다. 주변의 암석이 떨어져 나가면서 남게 된 것이다(왼쪽 위). 부산의 태종대. 깎아지른 듯한 절벽이 남아 있다(오른쪽 위).

◀ 파도의 침식으로 형성된 절벽이 남아 있는 모습. 절벽 앞에는 넓고 평평한 바위가 나타난다.

같이 파도의 힘은 대단합니다. 폭풍우가 몰아치거나 해일이 일어날 때에는 파도의 침식 능력이 더욱 커져서 절벽과 같은 지형을 만드는 데 큰 영향을 주게 되지요.

　파도의 에너지는 파도의 표면 부근에 집중되어 있습니다. 파도가 철썩철썩 바위를 치는 모습을 보면 파도의 에너지가 바위 전체에 영향을 줄 것 같지만 실제로는 표면 부근에서 강한 침식 작용이 일어납니다. 다음 촛대바위 사진을 보면 이해하기 쉬울 것입니다.

(가)　　　　　　　　　　　　　　(나)

　(가) 사진을 잘 보면 촛대바위 아래쪽에 파인 홈을 발견할 수 있습니다. 바로 저것이 과거에 파도의 침식을 받아 형성된 것이지요. (나) 사진을 보면 좀 더 확실하게 보입니다. 지금은 지반이 융기戎器해서 파도의 침식을 받지 않지만 과거에는 저렇게 파도의 침식을 받았습니다.

　파도는 암석의 약한 틈을 파고들어서 침식 작용을 일으키는 특징을 갖고 있습니다. 잘 살펴보면 바위는 옆의 사진에서 보는 것처럼 가로, 세로 방향으로 갈라진 틈을 많이 갖고 있습니다. 이와 같은 틈을 절리節理라고 하는데요. 어떤 것은 기둥 모양을 이루고, 어떤 것은 격자 모양을 이루기도 합니다. 파도는 이런 틈을

절리가 발달한 바위 ▲

파고들어서 그 사이를 넓게 벌리기도 하고, 암석 덩어리들을 떼어내기도 하지요. 절리, 즉 틈이 잘 발달한 바위일수록 파도의 침식에 의해 모양이 변할 가능성이 높다고 할 수 있습니다.

아래의 (다)는 일명 '해식 아치'라고 불리는 지형입니다. 풀이를 하자면 '바다(파도)의 침식을 받아 형성된 문처럼 생긴 지형'이라는 뜻이지요. 원래는 문 아래쪽에도 바위가 있었는데 파도의 침식을 받아

(다)   (라)

떨어져 나가면서 문처럼 생기게 된 것입니다. 만약 앞으로 오랜 시간에 걸쳐 파도의 침식을 계속해서 받는다면 문의 윗부분에 해당하는 바위 덩어리도 떨어져 나가고, 두 개의 바위로 서로 나뉠 수도 있지 않을까요? (라) 사진을 보면 이미 여러 개의 기둥 모양으로 침식이 일어난 것을 볼 수 있습니다. 만약 파도의 침식이 강해지면 한두 개의 기둥은 사라질 수도 있겠지요.

　파도의 힘은 매우 강하기 때문에 파도의 침식을 받아 형성되는 지형은 굉장히 빠르게 변하는 특징이 있습니다. 우리가 바닷가에 갔을 때에는 잘 느끼기 어렵지만 오랜 시간을 두고 관찰하다 보면 파도의 작용과 그로 인해 변화하고 있는 지형의 특징을 살펴볼 수 있을 것입니다.

펀치볼에는 무엇이 담겨 있을까?

강원도 양구군 해안면에 가 보면 마치 도공이 빚어 놓은 것 같은 오목한 그릇 모양의 땅이 나옵니다. 이곳은 '펀치볼'이라는 이름으로 불립니다. 정식 명칭은 해안 분지인데, 6·25 전쟁 당시 한 미군 종군기자가 가칠봉에서 내려다본 이곳의 모양이 화채 그릇punch bowl을 닮았다고 해서 붙인 이름이라고 하지요.

우리말 지명인 '해안'도 이 지형과 관련이 있습니다. 얼핏 들으면 바닷가에 위치한 곳이 아닐까 하고 생각하기 쉬운데, 해안은 한자로 돼지 '해亥'와 편안할 '안安'자를 쓰고 있습니다. 아주 먼 옛날에는 바다 '해海'자를 썼다고 합니다. 당시 이곳에는 뱀이 많아 사람들이 밖에 나가지 못할 정도였답니다. 그런데 조선 초에 한 스님이 "뱀은 돼지와 상극이니 바다 해海를 돼지 해亥로 바꾸어 쓰면 된다"라고 일러 주었지요. 그 다음부터 마을 사람들이 글자를 돼지 해亥 자로 고치고 집집마다 돼지를 길렀다고 합니다. 그 후 신기하게도 뱀이 없어졌

▲ 해안 분지

고, 마을 사람들이 자유롭게 밖으로 나갈 수 있게 되었다고 합니다.
지명의 유래는 이렇지만 이곳은 한자 뜻 그대로 돼지가 편안하게 쉴
수 있는 포근한 땅인 것 같기도 합니다.

우리 땅을 만든 차별 침식

해안 분지는 주변에 위치한 가칠봉, 대우산, 도솔산, 대암산 등 해
발 1천 100미터 이상의 봉우리들로 둘러싸여 있으며, 분지 바닥의 해
발고도는 대략 400~500미터입니다. 분지의 전체 길이는 남북으로
11.95킬로미터, 동서로는 6.6킬로미터입니다. 면적은 44.7제곱킬로

미터로 여의도의 6배가 넘습니다. 이렇게 거대한 화채 그릇 모양의 지형이 어떻게 이곳에 만들어진 것일까요? 혹시 거대한 운석 덩어리가 이곳에 떨어졌던 것일까요? 아니면 거대한 화산 폭발로 생긴 분화구인 것일까요?

만일 운석이 떨어졌다면 파편 등의 흔적이 남아 있을 것입니다. 마찬가지로 화산 폭발로 생긴 지형이라면 현무암, 유문암, 응회암, 조면암 등의 다양한 화성암들이 있어야 할 텐데 해안 분지에서는 그런 흔적이나 암석들을 볼 수가 없습니다. 그렇다면 어떻게 해서 이런 거대한 분지가 만들어졌을까요?

해안 분지는 서로 다른 암석의 차별 침식으로 만들어진 것입니다. 사람도 나이가 있듯이 땅덩어리도 만들어진 시기가 있습니다. 지구의 암석은 지금으로부터 약 38억 년 전부터 형성되기 시작했지요. 그때부터 25억 년 전까지를 시생대라고 하고, 25억 년 전부터 5억 7천만 년 전까지를 원생대라고 합니다. 지금 우리나라에 분포하는 암석 중에서 이 두 시기에 만들어진 암석들이 약 40% 정도를 차지하고 있는데, 주로 변성암의 일종인 편마암들이 대부분입니다.

그런데 지금으로부터 2억 2천 500만 년 전에서 약 6천 500만 년 전 사이의 중생대에 우리나라 땅덩어리에는 큰 변화가 일어납니다. 시생대와 원생대에 만들어진 편마암 속으로 마그마가 쑥 끼어들어 천천히 굳었는데, 나중에 이것이 화강암이 된 것입니다. 다시 시간이 흘러서 화강암을 덮고 있는 암석들은 모두 풍화와 침식을 받아서 사라지고, 지하의 화강암이 지표로 나오게 되었습니다. 화강암은 그 주변의 편마암보다 침식에 약해서 상대적으로 쉽게 깎여 나가 움푹 파이고, 화강암보다 단단한 편마암은 화강암보다 덜 깎여 산지로 남게 된 것입니다. 이와 같이 단단한 암석과 연한 암석 간에 침식이 차별적으로 일어나는데, 이를 차별 침식이라고 합니다.

차별 침식은 우리나라의 여러 산지와 골짜기를 만드는 데 중요한 역할을 하였습니다. 우리나라의 산맥 중 태백산맥이나 낭림산맥과 같이 높은 산맥들은 땅이 솟아올라서 만들어졌습니다. 그러나 그 산맥으로부터 뻗어 나온 광주산맥, 차령산맥, 강남산맥, 적유령산맥, 묘향산맥 등 연속성이 약한 산맥들은 주변의 약한 암석들보다 침식이 덜되어 산지로 남게 된 것들입니다. 차별 침식은 우리나라의 어디에서

▲ 두륜산에서 바라본 해남군 삼산면 일대로 규모가 크기는 하지만 차별 침식으로 인한 분지의 형태를 하고 있다. 낮은 산들은 침식이 강해서 남아 있는 잔구들이다.

나 볼 수 있으며, 이로 인해 산지가 많은 우리나라의 곳곳에 해안 분지와 같은 침식 분지가 생겼습니다. 침식 분지가 만들어진 과정은 대체로 이와 비슷합니다.

중요한 생활 터전

침식 분지는 주변이 산으로 둘러싸여 있어 겨울에 찬바람을 막아주는 역할을 할 뿐만 아니라, 적의 침입을 방어하기에도 좋았습니다. 또 분지 바닥에는 하천들이 흐르면서 비옥한 충적지가 만들어져 농사를 짓기에도 좋았습니다. 그래서 분지는 우리 조상들의 중요한 생활 터전이었지요. 서울을 비롯한 우리나라의 많은 도시들은 분지 안에 만들어져 있습니다.

다른 나라들도 비슷합니다. 중심가를 흔히 다운타운downtown이라고 하는 것도 분지와 관련이 있습니다. 분지에 도시를 만들다 보면 중심가는 당연히 분지에서 고도가 가장 낮은 곳, 즉 분지의 가운데 부분이 될 수밖에 없겠지요. 그러고 보니 분지는 사람을 담고 있고, 마을을 담고 있으며, 농경지와 도시를 담고 있기도 합니다. 그런데 분지가 담고 있는 것이 또 있습니다. 그것은 바로 안개입니다. 그것은 또 무슨 말이냐고요?

분지에는 안개가 자주 발생합니다. 왜냐하면 분지를 둘러싸고 있는 산꼭대기에서 분지 바닥으로 찬 공기들이 모여들기 때문입니다.

분지 바닥에 찬 공기들이 고여서 빠져나가지 못하게 되면 분지 바닥의 기온은 바로 위 상공보다 낮아지는데, 이런 현상을 '기온 역전 현상'이라고 합니다. 정상적인 상태라면 고도가 높아지면서 기온이 낮아져야 하는데, 분지 바닥과 상공 간에 이 관계가 역전되는 것입니다. 이 경우 온도가 낮은 분지 바닥에는 순간적으로 수증기가 응결하면서 안개가 발생합니다.

역전층이 깨지지 않으면 이 안개는 계속됩니다. 사람들은 안개로 인해 생활에 많은 지장을 받기도 합니다. 안개가 짙게 끼면 햇빛이 안개에 가려서 땅까지 도달하지 못하고, 결국 햇빛을 필요로 하는 농작

▲ 역전층을 깨기 위해서 차 밭 곳곳에 바람개비를 설치해 놓은 모습(전라남도 강진)

물들은 냉해를 입게 됩니다. 옆의 사진을 보면 차밭에 바람개비가 설치되어 있습니다. 바람개비를 돌리면 바닥의 공기와 바로 위 상공의 공기가 서로 섞이지요. 이렇게 공기가 섞이면 기온 역전 현상이 사라지고 안개도 걷히게 됩니다. 분지에 들어선 도시에서는 자동차나 공장으로부터 나온 매연이 안개와 결합해서 스모그를 곧잘 발생시킵니다. 스모그는 눈이나 호흡기에 작용하여 질병을 유발하기도 하지요.

산지가 많은 우리나라에서 분지는 우리의 소중한 생활 터전입니다. 그러므로 분지를 이해하는 것은 곧 우리 삶의 터전에 대해 이해하

는 것이라 할 수 있지요. 시간을 내서 해안 분지, '펀치볼'에 한번 가 보세요. 민간인 통제구역이므로 관할 사무소에 출입신고를 먼저 해야 합니다만, 그런 다음 을지전망대에 오르면 한눈에 해안 분지의 멋진 풍경을 볼 수 있습니다.

거꾸로 흐르는 하천 이야기

'물 흐르듯 살아라'라는 표현을 들어 본 적이 있나요? 흔히 자연의 순리에 맞추어 살아가라는 뜻으로 이 표현을 씁니다. 물은 높은 곳에서 낮은 곳으로 흐르는 것이 순리입니다. 산지에서 발원한 작은 지류들이 합쳐지면서 평지로 흘러나오고, 다시 합쳐진 여러 지류들은 큰 물길을 만든 후 바다로 흘러듭니다. 이것이 우리가 알고 있는 자연의 순리입니다.

그런데 서해 쪽으로 가면 하천이 바다로 흘러드는 것이 아니라 바다가 하천을 향해 흘러드는 모습을 볼 수 있습니다. 정확히 이야기하자면 항상 거꾸로 흐르는 것은 아니고 일시적으로 거꾸로 흘러 올라가는 현상이 나타나는 하천을 볼 수 있다는 것입니다. 그럼 거꾸로 흐르는 하천에 대해 좀 더 알아볼까요?

어떻게 서해의 소금을 마포로 실어 날랐을까?

예전 한강에는 물자를 실은 배들이 다니던 포구들이 많았습니다. 특히 마포는 조선시대부터 하항 河港(하천에 있는 하구)으로 번성했던 곳입니다. 이곳은 오래전부터 서해안에서 생산되는 소금과 새우젓, 그리고 수많은 해산물들이 집결하던 곳이었지요. 특히 새우젓은 가장 유명한 상품으로 '마포 새우젓'이라는 말이 생길 정도였습니다. 마포를 처음 찾는 사람들은 냄새를 못 견뎌 눈살을 찌푸릴 정도였다고 합니다.

강서구와 양천구가 맞닿는 한강변에는 염창동 鹽倉洞이라는 동네가 있습니다. 염창 鹽倉은 '소금 창고'라는 뜻입니다. 이곳은 조선시대에 서해안에서 생산된 소금을 운반하는 배가 다니던 뱃길 어귀였으며, 큰 소금 창고가 있었다고 전해집니다. 소금을 파는 상인들은 서해에서부터 올라온 소금을 이곳에 보관하였습니다. 그리고 판매할 때에는 이곳에서 소금을 실은 후 강을 거슬러 올라가 다른 물품들과 함께 강 건너 마포까지 운반하곤 했습니다.

하지만 위치를 살펴보면 마포와 염창동은 모두 바다와는 먼 곳입니다. 서해에서 이곳까지 소금이나 새우젓을 싣고 오려면 바다로 흘러가는 한강을 거슬러 올라와야 합니다. 흐르는 강을 거슬러 오르려면 많은 시간과 힘이 필요했을 텐데 그 당시에는 어떻게 서해에서 마포나 염창동까지 소금과 해산물들을 실어 날랐을까요?

우리나라의 서해와 남해는 해안의 조차가 크게 나타나며 서해와

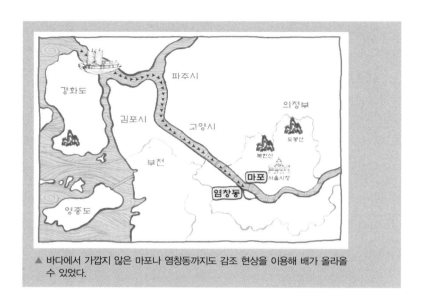

▲ 바다에서 가깝지 않은 마포나 염창동까지도 감조 현상을 이용해 배가 올라올 수 있었다.

남해로 흘러드는 하천은 경사가 완만하기 때문에 조석의 영향을 많이 받습니다. 이와 같이 조석의 영향을 많이 받는 곳에서는 밀물과 썰물의 영향으로 하루에 두 번씩 규칙적으로 수위가 오르내리는 감조현상이 나타납니다. 감조현상이 일어나는 경우 밀물 때는 바다가 하천을 거슬러 올라오고, 썰물 때는 강물이 바다로 흘러 나가게 됩니다. 그러니까 밀물 때 상류로 거슬러 오르는 물을 이용하여 하류에서 상류로 물자를 운반했던 것입니다.

한강에서는 마포 가까이까지 강물이 역류했고, 이러한 감조현상을 이용해서 손쉽게 서해에서부터 마포까지 배가 올라올 수 있었던 것입니다. 덕분에 마포는 서해의 어선이 가장 많이 들어오는 포구가 되었고, 염창동은 많은 소금을 취급할 수 있었습니다.

금강 하류에 위치한 강경은 이
러한 감조현상을 이용해 발달한
대표적인 하항이었습니다. 강경
은 조선시대 후기까지 금강상권
을 바탕으로 대상권을 형성한 상
업 도시였습니다. 호남선의 대
전-강경 구간과 군산선이 개통되

하천 수운의 종점으로 번성했던 강경장 ▲

면서 내륙수운 기능이 쇠퇴하기 전까지 강경포구는 그야말로 서해의
최대 수산물 시장이었습니다. 최전성기에는 대구, 평양과 함께 전국
3대 시장 중 하나에 속할 정도로 번성했었습니다.

감조하천의 영향

감조하천은 내륙수운 발달에 큰 도움을 주었지만 주민들의 생활에
좋지 않은 영향을 끼치기도 하였습니다. 감조현상이 발생하면 하천을
따라 해수가 역류하여 주변 농경지에 염해를 입히기도 합니다. 이러
한 염해를 방지하기 위해서 하굿둑을 건설하기도 하는데, 우리나라에
서는 금강, 영산강, 낙동강에 이러한 하굿둑이 설치되어 있습니다. 또
집중호우와 밀물 때가 겹칠 경우에는 빗물이 바다로 빠져나가지 못해
큰 홍수 피해가 발생하기도 합니다.

철도가 개통되고 자동차가 널리 보급되면서 오늘날에는 강을 이용

한 내륙수운은 거의 이루어지지 않고 있습니다. 마포와 염창동도 예전의 모습과는 크게 달라졌고 더 이상 포구로서의 역할을 수행하지 않습니다. 하지만 그 이름은 여전히 그대로 남아 있으며, 우리는 이를 통해 거꾸로 흐르는 감조하천의 역할을 되새겨 볼 수 있습니다. 감조하천은 한때 우리나라의 물자 이동이 효율적으로 이루어지는 데 큰 역할을 했던 중요한 하천이었습니다.

한탄강에 가 본 적이 있나요?

강원도 철원은 한반도의 중심부에 위치한 비옥한 평야 지대로 과거 후고구려의 도읍지이기도 했던 곳입니다. 휴전선 앞 최전방에 위치한 지역이라 과거 전쟁의 상흔이 남아 있는 곳이기도 하지요. 철원에는 문화재가 많고 천혜의 자연환경이 제공하는 아름다운 볼거리들도 곳곳에 있습니다. 특히 한탄강 주변에는 넓은 용암대지가 분포하고 있습니다.

그런데 한탄강 주변에서는 특이한 모습을 관찰할 수 있습니다. 바로 넓은 평야에 발달한 V자형의 골짜기와 가파른 절벽입니다. V자형의 골짜기와 가파른 절벽은 하천으로부터 하방침식을 활발히 받는 산간지역에서 발달하는 것이 일반적입니다. 그런데 어떻게 산간지역에서 주로 볼 수 있는 V자형의 골짜기가 한탄강 주변에 발달하게 되었을까요? 한탄강은 평야지역인 철원 지방을 흐르는데 말이지요.

넓은 평야에 수직의 절벽이?

한탄강은 태백산맥에서 발원한 물줄기가 철원에 이르러 여러 지류와 합류함으로써 계속 남쪽으로 흘러 임진강으로 유입되는 강입니다. 한탄강을 따라 고석정 부근에 다다르면 넓은 평야 한 편에 자리 잡고 있는 깊이 20~30미터의 골짜기를 볼 수 있습니다. 골짜기의 양쪽 기슭에는 깎아지른 듯한 절벽이 있는데, 이 위에 바로 철원평야가 자리 잡고 있습니다.

한탄강은 원래 편마암 지대 위를 유유히 흐르던 강이었습니다. 강 양쪽 기슭에는 한탄강이 범람할 때마다 쌓인 퇴적물들이 분포하고 있었지요. 이 하천 유역에서 신생대 4기에 어마어마한 변화가 일어납니다. 구조선[7]을 따라 유동성이 큰 현무암질 마그마가 열하분출[8]하면서 한탄강과 양안이 모두 현무암으로 뒤덮이고, 한탄강 유역은 철원–평강 용암대지의 일부가 된 것이지요.

한탄강이 현무암으로 뒤덮이자 한탄강으로 흘러들던 물줄기들은 갈 곳을 잃었습니다. 하지만 한탄강을 메운 현무암은 주상절리(마그마가 냉각 응고함에 따라 부피가 수축하여 생기는 다각형 기둥 모양의 절리)가 잘 발달하는 암석입니다. 수직으

---

7 구조선이란 내인적작용과 같은 지각운동에 의해 암석에 발달한 좁고 긴 균열을 말한다. 이는 종이를 자르고자 할 때 반으로 접은 뒤 선을 따라 자르면 더 쉽게 잘리는 것에 비유할 수 있다. 이때 종이는 암석, 접는 행위는 지각운동, 접은 후 생긴 선을 구조선에 각각 대응된다.
암석이 지각운동에 의해 접히거나 구부러지면서 구조선이 발달하고 이러한 구조선은 상대적으로 약한 부분이기 때문에 침식을 잘 받고, 쉽게 갈라지게 된다.
8 열하 분출은 지각운동에 의해 생긴 구조선을 따라 현무암질 용암이 분출하여 물처럼 흐르면서 지각을 넓게 덮는 것을 뜻한다. 마치 칼에 손을 베었을 때 상처를 따라 피가 흐르다가 딱지가 되어 상처를 메우는 것과 같은 분출 형태라고 할 수 있다.

로 갈라진 주상절리로 물이 스며
들면서 현무암은 한탄강에 의해
지속적으로 수직 방향의 침식을
받게 되었습니다. 그 결과 현무암
에는 깊은 골짜기가 파이게 되고
이 골짜기로 물줄기가 모여들면
서 한탄강은 과거의 유로를 회복
하게 되었습니다.

한탄강과 기슭의 절벽(ⓒ송용현) ▲

　위와 같은 과정을 거치면서 한탄강은 깊은 계곡을 파며 흐르게 되
었고, 양쪽 기슭에는 절벽이 발달했습니다. 한탄강이 유로를 회복하
는 과정에서 하천의 범람에 의해 현무암층 위에 또 다른 퇴적층이 형
성되었습니다. 이에 따라 한탄강 양쪽 기슭의 절벽에서는 옛날 현무
암이 덮이기 전에 쌓였던 퇴적층과 현무암층, 그리고 현무암층 위에
다시 쌓인 퇴적층을 순서대로 볼 수 있으며, 주상절리 또한 관찰할 수
있게 되었습니다.

　한탄강의 특징은 이뿐만이 아닙니다. 일반적으로 주상절리가 잘
발달하는 다공질 현무암으로 이루어진 지역은 지표수가 대부분 지하
로 스며들기 때문에 벼농사가 이루어지기 힘듭니다. 제주도가 대표적
인 경우라고 할 수 있지요. 그런데 제주도와 달리 한탄강 유역은 현무
암으로 이루어졌음에도 불구하고 벼농사가 활발히 이루어지고 있습
니다. 현무암층 위에 넓게 퇴적층이 발달하였을 뿐만 아니라, 양수 시
설을 이용하여 한탄강 물을 끌어다 쓸 수 있기 때문입니다. 한탄강 유

역의 철원평야는 강원도 쌀 생산량의 약 30%를 차지하는 주요 곡창 지대가 되었지요.

한탄강 용암대지의 깊은 골짜기와 절벽은 언제 보더라도 감탄을 자아내는 천혜의 절경입니다. 깊은 골짜기와 주상절리를 관찰할 수 있으며, 침식이 많이 진행된 곳에선 기반암인 편마암도 관찰할 수 있습니다. 한탄강은 이렇듯 다양한 모습을 보여 주면서, 동시에 철원평야의 젖줄 역할을 하여 풍요로운 농작물을 얻을 수 있도록 해 주는 고마운 강입니다.

국토해양부 국토지리정보원 편, 《한국지명유래집 충청편》, 국토해양부 국토지리
        정보원, 2010.

권동희, 《한국의 지형》, 한울아카데미, 2006.

권용우 외, 《지리학사》, 한울아카데미, 2001.

권혁재, 《지형학》, 법문사, 2003.

김교신, 〈조선지리소고〉, 《윤리연구》, Vol 1, 한국윤리학회, 1973.

김재철, 《지도를 거꾸로 보면 한국인의 미래가 보인다》, 김영사, 2000.

김재홍 외, 《옛길을 가다》, 한얼미디어, 2005.

김종욱 외, 《한국의 자연지리》, 서울대학교출판부, 2008.

김종호, 〈MICE 산업 육성을 위한 선진화 방안〉, 현대경제연구원, 2010.

남종영, 《북극곰은 걷고 싶다》, 한겨레출판, 2009.

노평구 편, 《김교신 전집 1》, 부키, 2001.

송경재, "1인당 소득 '1억' 세계 최고 부자 나라는?", 〈파이낸셜 뉴스〉, 2012.8.14.

송성대, 〈한·중 간 이어도해 영유권 분쟁에 관한 지리학적 고찰〉, 《대한지리학회
        지》, 제45권 제3호, 대한지리학회, 2010.

신부용 외, 《도로 위의 과학》, 지성사, 2005.

심정보, 《한국의 읍성 연구》, 학연문화사, 1999.

예상한, 〈한국형 Slow City, 관광 산업의 새로운 대안〉, 현대경제연구원, 2008.

유미림 외, 《독도 바로 알기》, 동북아역사재단, 2012.

이순주, 《자연과 하나 되는 녹색댐 이야기》, 창조문화, 2004.

이유종, "간척지→갯벌 역간척 늘어난다", 〈동아일보〉, 2009.2.25.

이은숙, 〈김교신 근대 지리학과 현대 지리학의 가교 역할〉, 《진리의 벗이 되어》, 제52호, 성천문화재단, 2001.

이진아, 《지구에서 일어나고 있는 일들》, 기획출판 책장, 2008.

이희연, 《경제지리학》, 법문사, 2011.

이혜영, 《갯벌, 무슨 일이 일어나고 있을까?》, 사계절출판사, 2004.

전종한 외, 《인문지리학의 시선》, 논형, 2005.

전종한 편역, 《공간 담론과 인문지리학의 최근 쟁점》, 협신사, 1998.

조남형, "장마는 옛말, 우기 접어든 한반도?", 대전일보, 2011.7.5.

조연현, "청년 손기정 가슴에 민족혼 지핀 스승 김교신 선생", 〈한겨레〉, 2007.3.27.

조정래, 《태백산맥》, 해냄출판사, 2007.

주영민 외, 《한국 관광 산업의 업그레이드 전략》, 삼성경제연구원, 2011.

주영욱, "보령머드축제, 글로벌 축제로 도약", 세계일보, 2011.7.28.

최영준, 《국토와 민족생활사》, 한길사, 1997.

최영준, 《영남대로》, 고려대학교 민족문화연구소, 2004.

클라우스 퇴퍼 외, 《청소년을 위한 환경 교과서》, 사계절출판사, 2009.

한국과학창의재단, 《지구를 생각한다》, 해나무, 2010.

한국문화역사지리학회 편, 《우리 국토에 새겨진 문화와 역사》, 논형, 2003.

한국자연지리연구회 편, 《자연환경과 인간》, 한울아카데미, 2007.

갯벌정보시스템 www.tidalflat.go.kr

기후변화홍보포털 www.gihoo.or.kr

대한민국영토 이어도 www.ieodo.or.kr

산림청 www.forest.go.kr

산림청 국립산림과학원 www.kfri.go.kr

외교통상부 독도 http://dokdo.mofat.go.kr

이어도연구회 www.ieodo.kr

이어도 종합해양과학기지 ieodo.khoa.go.kr

갈매나무의 '지혜와 교양' 시리즈는 교양인으로서 살아가는 데 꼭 필요하고 알아야 하는 지식과 정보를 어렵거나 딱딱하지 않게, 특히 청소년의 눈높이에 맞춰 친절하고 감각적인 텍스트로 전달하고자 합니다.

지혜와 교양 1

소설이 묻고 과학이 답하다

: 소설 읽는 봉구의 과학 오디세이

민성혜 지음 | 유재홍 감수 | 값 12,000원

문과 취향 독자의 눈높이를 고려한
쉽고 재미있는 과학 이야기가 펼쳐진다.
문학, 인문, 대중문화와 과학을 유쾌하게 넘나드는
본격 하이브리드 과학 교양서.

2011년 문화체육관광부 우수교양도서 선정
2011년 행복한아침독서 청소년(중3~고1) 추천도서 선정

지혜와 교양 2

우주의 비밀

: SF 소설의 거장 아시모프에게 다시 듣는
　인문학적 과학 이야기

아이작 아시모프 지음 | 이충호 옮김 | 값 14,000원

SF 소설의 거장 아이작 아시모프가 돌아왔다!
천문학, 물리학, 화학, 생물학 등
광범위한 과학 일반에 대한
뛰어난 해설자 아시모프에게 다시 듣는 우주 이야기.

2012년 행복한아침독서 청소년(중3~고1) 추천도서 선정

지혜와 교양 3

세상이 던지는 질문에 어떻게 답해야 할까?

페르난도 사바테르 지음 | 장혜경 옮김 | 박연숙 감수
값 14,000원

10대, 그리고 젊은 정신에게 권하는 생각 연습 프로세스.
'죽음', '자유와 책임', '자연과 기술', '공생',
'예술', '시간' 등과 관련된 철학적 질문으로
생각의 스펙트럼을 넓혀준다.

2012년 5월 한국출판문화산업진흥원 청소년 권장도서 선정

인간은 유전자를 어떻게 조종할 수 있을까

: 후성유전학이 바꾸는 우리의 삶, 그리고 미래

페터 슈포르크 지음 | 유영미 옮김 | 값 16,000원

이 책은 유전학으로만 설명하기에는 부족한
생명의 진화 과정에 대해 좀 더 온전한 이해를 도와주는
후성유전학의 세계로 안내한다.
후성유전학의 현재와 미래를 따라가다 보면
독자들은 어느덧 자신의 일상과 건강을
한층 달라진 눈으로 바라보게 될 것이다.

초파리

: 생물학과 유전학의 역사를 바꾼 숨은 주인공

마틴 브룩스 지음 | 이충호 옮김 | 값 14,000원

유전학, 분자생물학, 발생생물학, 진화생물학 등의 분야에서
최적의 실험동물로 인정받아 온 초파리.
이 작은 생물체를 주목하다 보면
어느새 20세기 생물학과 유전학이 지나온 길을
한눈에 추적할 수 있다.

지금 지구에 소행성이 돌진해 온다면

: 우주, 그 공간이 지닌 생명력과 파괴력에 대한 이야기

플로리안 프라이슈테터 지음 | 유영미 옮김 | 값 15,500원

충돌이라는 키워드로 천문학과 물리학의
다양한 현상 및 체계를 설명한다.
저자는 충돌이 파괴를 야기할 뿐만 아니라
생명을 비로소 가능하게도 한다는 점에 대해 이야기한다.

십대에게 들려주고 싶은 우리 땅 이야기

초판 1쇄 발행 2013년 3월 11일
초판 4쇄 발행 2014년 7월 17일

지은이 마경묵, 박선희, 이강준, 이진웅, 조성호
펴낸이 박선경

기획/편집 • 권혜원, 이지혜
마케팅 • 박언경
본문 디자인 • 김남정
제작 • 디자인원(070-8811-8235)

펴낸곳 • 도서출판 갈매나무
출판등록 • 2006년 7월 27일 제395-2006-000092호
주소 • 경기도 고양시 덕양구 화정로 65 2115호
전화 • 031)967-5596
팩시밀리 • 031)967-5597
블로그 • blog.naver.com/kevinmanse
이메일 • kevinmanse@naver.com

isbn 978-89-93635-36-2/03980
값 13,000원

김정호 〈대동여지도〉